Parejas Emocionalmente Responsables

LUIS EFRAÍN VILLA DE LEÓN

Psicólogo

Parejas Emocionalmente Responsables

Primera edición, 2025
Edición y diseño editorial: Editorial Shanti Nilaya

ISBN | 978-1-970263-44-2
ebook | 978-1-970263-45-9

shantinilaya.life/editorial

Parejas Emocionalmente Responsables

Una guía que te ayudará a vivir en responsabilidad emocional y con mayor bienestar en pareja y familia.

"Somos nuestras relaciones. Y entre todas, la pareja y la familia son las que más nos revelan, nos transforman y nos desafían.

En ellas aprendemos —o repetimos— cómo amar, cómo cuidar y cómo sanar."

LUIS EFRAÍN VILLA DE LEÓN

Psicólogo

Luis Efraín Villa De León es pedagogo, psicoterapeuta y formador en habilidades socioemocionales. Creador del modelo EMORES® y del método CREO®, se dedica a la facilitación del aprendizaje grupal y a la consulta privada. Acompaña a parejas y familias integrando la gestión emocional, el reconocimiento del trauma, los estilos de apego y la mirada sistémica. Ha impartido conferencias y programas de desarrollo humano en diversas instituciones educativas y organizaciones. Su trabajo se distingue por traducir la teoría en prácticas sencillas, éticas y efectivas, con foco en la responsabilidad afectiva. Sostiene que somos nuestras relaciones y que la felicidad y el bienestar dependen de la manera en que nos vinculamos, por eso la responsabilidad emocional es el eje central del éxito personal y de los vínculos interpersonales.

ÍNDICE

INTRODUCCIÓN

¿Por qué y para qué un libro sobre Parejas Emocionalmente Responsables?

En más de veinte años de acompañar procesos emocionales, he tenido la oportunidad de trabajar con mujeres y hombres por separado en espacios profundos llamados Mujeres Emocionalmente Responsables y Hombres Emocionalmente Responsables. En ellos, cada persona busca encontrarse consigo misma, mirarse con honestidad y, a través de ese contacto, iniciar el camino del autoconocimiento.

Ese recorrido individual suele comenzar con el fortalecimiento de la autoestima, la reconexión con la autoconfianza y la construcción de una seguridad personal. Todo ello abre la puerta al bienestar, la autorrealización y la trascendencia.

Sin embargo, he constatado algo una y otra vez: ese trabajo, por profundo que sea, puede quedar incompleto si la persona está en una vida de pareja y su compañero o compañera no transita también su propio proceso de desarrollo.

Y aún más: cuando ambos deciden recorrer juntos el camino de la consciencia emocional ocurre algo extraordinario. No sólo se nutren mutuamente, también transforman la dinámica que los une y el entorno que los rodea.

La conocida frase "detrás de un gran hombre hay una gran mujer" pertenece a otro siglo. Hoy podemos decir: "al lado de un gran hombre hay una gran mujer" o viceversa, pero lo más justo y acorde con el momento actual es afirmar: "al lado de una gran persona hay otra gran persona".

En cada encuentro terapéutico con una pareja aparece inevitablemente el eco de sus historias, aprendizajes y heridas de origen. El amor de pareja no ocurre en el vacío; se nutre de la experiencia personal pero también, de pactos invisibles que condicionan la relación. Por eso este libro une dos dimensiones: la del individuo y la del vínculo porque sanarse como persona es un primer paso pero sanarse en pareja, es un acto de valentía compartida.

Los resultados obtenidos en MER y HER me llevaron a diseñar un curso titulado Parejas Emocionalmente Responsables que más tarde inspiró un juego de tarjetas con preguntas clave para fomentar el diálogo y la consciencia en la relación. Ahora, todo ese recorrido culmina en este libro que integra teoría, práctica y vivencia en torno a la vida en pareja.

Mi deseo es que estas páginas sean una puerta abierta para muchas parejas. Que aquí encuentren palabras, conceptos, ejercicios y preguntas que les ayuden a vivir con mayor claridad, presencia y verdad; también espero que sea un recurso útil para colegas terapeutas, a quienes respeto profundamente y con quienes comparto herramientas nacidas de la experiencia clínica.

En los capítulos siguientes recorreremos juntos temas centrales: la vida en pareja, la gestión emocional, la comunicación, la dependencia y la codependencia, los problemas cotidianos, las finanzas, la sexualidad, el manejo de conflictos y los desafíos de la vida en común; en cada apartado incluye teoría, ejemplos de la consulta, preguntas de autorreflexión y propuestas de intervención.

Sigamos construyendo vínculos más conscientes, más justos y responsables. Sigamos caminando hacia ese mundo posible: un mundo lleno de parejas emocionalmente responsables.

Luis Efraín Villa De León

CAPÍTULO 1.
MODELO TERAPÉUTICO PARA PAREJAS CENTRADO EN NECESIDADES PSICOAFECTIVAS

1.1 Propósito del modelo

Acompañar a las parejas para Centrar, **Reflexionar, Elegir y Operar**: cuatro verbos que convierten el dolor en diálogo y el diálogo en **prácticas cotidianas** que cuidan el vínculo. Este modelo parte de una premisa sencilla y exigente: a amar **bien también se aprende**. No buscamos ganadores en una discusión sino **dos personas capaces de verse, hablarse y acordar**.

1.1.1 ¿Qué hace distinto a este modelo?

Centrado en necesidades psicoafectivas. Antes de saber "quién tiene la razón", nos interesa **qué necesita cada uno** para sentirse **seguro/a, visto/a y tratado con afecto, respeto, consideración y justicia**.

Desarrollado con un método (CREO) para que los consultantes lo apliquen dentro y fuera de la consulta.

Integrativo y práctico. Integra **somática**, **neurobiología del trauma**, **apego (EFT)**, **mirada sistémica**, **CNV**, **enfoque de partes/niño interior** e **Imago**, y lo aterriza en **micro herramientas** (pausa, espejo, peticiones claras, acuerdos).

Profundo. Se trabajan **pensamientos, emociones, heridas, lealtades sistémicas y conductas observables.** En sesión **se conversa y se resuelven asuntos** y en los periodos **entre sesiones** se entrenan prácticas. No sólo repara problemas: **construye paso a paso relaciones emocionalmente responsables.**

1.1.2 Fundamentos que orientan el modelo de intervención

Somática.

Cuando la activación fisiológica sube (taquicardia, respiración corta, mandíbula tensa) el "cerebro social" pierde fineza: escuchamos peor, interpretamos peor y decidimos peor. Por eso **primero regulamos, luego conversamos.** Intervenciones inmediatas: **exhalación más larga que la inhalación** (3–5 ciclos), **grounding** (sentir los pies, nombrar 3 cosas que veo/escucho/siento), **pausa breve con hora de retorno** y, si es bienvenida, **co-regulación** (tono de voz bajo, contacto amable). Esta secuencia ayuda a devolver el sistema nervioso a una ventana de tolerancia que permita el diálogo (Levine, 2010; van der Kolk, 2014).

Neurobiología del trauma.

Bajo amenaza el sistema entra en **lucha/huida/congelamiento**; en ese modo la **corteza prefrontal** baja volumen y la **amígdala** dirige la orquesta. De ahí que explicar, convencer o "ser racional" en plena escalada **no funcione.** El abordaje combina **psicoeducación simple** ("tu cuerpo se está protegiendo") y **dosificación**: conversaciones más cortas, **reglas de pausa y retorno** (20–30 min con hora pactada) y repetición de rituales de seguridad (mismo lugar, misma hora, mismos pasos). Sólo con la alarma bajada, vuelven la perspectiva y la empatía (Van Der Kolk, 2014).

Apego (EFT).

La intimidad puede reactivar miedos antiguos: "¿me vas a dejar?, ¿me rechazas?". Aparece el ciclo típico **perseguidor–retirado**: uno protesta para acercarse y el otro se protege alejándose. En **Terapia Focalizada en las Emociones** nombramos el ciclo (no a la persona), validamos la **emoción primaria** ("me asusté", no solo "me enojé") y **pedimos cercanía con claridad**: "¿puedes sentarte a mi lado y escucharme dos minutos?". Se entrenan espejo breve, tono suave y peticiones concretas de contacto y consuelo. (Bowlby, 1969; Johnson, 2008).

Mirada sistémica.

Las parejas viven dentro de **sistemas** con **roles**, **límites**, **triangulaciones** y **jerarquías**. Cuando se desordenan (hijos-mediadores, suegros en el centro, secretos) el síntoma aparece en la relación. Intervenimos en **patrones**, no en "esencias": **des-triangular** (que el conflicto vuelva a sus dueños); **restituir jerarquías** (la pareja al centro, las familias de origen como sostén) **incluir excluidos** y revisar los llamados **"órdenes del amor"**: **pertenencia**, **orden** y **equilibrio** en el dar y recibir (Minuchin, 1974; Linares, 2003; Hellinger, 2001).

Imago.

Según Imago, tendemos a sentirnos atraídos por personas que, en lo luminoso y en lo difícil, **recuerdan a nuestras figuras tempranas** sin conciencia, **repetimos** con conciencia, **reparamos**. El trabajo es hacer visible el guion ("esto me recuerda a..."); traducir la **queja** en **petición reparadora** y pactar **micro-conductas** que sanen ("si crecí entre críticas, necesito hoy **aprecio explícito**: 3 agradecimientos concretos al día por 1 semana"). (Hendrix & Hunt, 2004).

CNV (Comunicación No Violenta).

Cambiamos el reclamo por la secuencia **Observación-Emoción-Necesidad-Petición**: "Cuando **ayer mirabas el teléfono durante la cena** (observación), me **entristecí** (emoción) porque **necesito sentirme prioridad** (necesidad), **¿podrías** dejar el móvil en otra habitación **de lunes a jueves** durante la cena? (petición positiva, específica y con marco temporal)". Este lenguaje **no ataca** y **sí vincula**; evita juicios ("siempre", "nunca") y convierte el malestar en acuerdos practicables (Rosenberg, 2003).

Partes / niño interior.

A veces quien reacciona no es el adulto presente, sino una **parte infantil** que aprendió a protegerse con rabia, vergüenza, huida o silencio. El objetivo no es "callarla", sino **reconocerla y cuidarla**: el **adulto** respira, se habla con amabilidad, **pide pausa**, nombra la herida ("ahora me sentí pequeño") y solicita un gesto seguro ("¿me abrazas y luego hablamos?"). Ejercicios como la **carta al niño interior** o los permisos de cuidado ayudan a que esa parte deje de conducir la relación (Miller, 1983).

1.2 Modelo EMORES® (síntesis).

EMORES® es un modelo de responsabilidad emocional y alfabetización socioemocional que usamos como *andamiaje* del trabajo clínico. Sirve para que cada persona —y la pareja como sistema— **observe, nombre y regule** lo que le pasa y desde ahí, convierta la emoción en decisiones y hábitos que cuidan el vínculo. No es sólo teoría: es una forma práctica de vivir la conciencia afectiva en lo cotidiano. En sesión, EMORES® nos ayuda a **pasar de la reactividad a la claridad;** de las defensas a **peticiones** y de los impulsos a **elecciones conscientes** con un foco permanente en seguridad, respeto y cooperación.

El modelo organiza **15 competencias** en un marco simple: **10 intrapersonales** (autoconocimiento, autoestima, autorregulación, autoconfianza, autonomía de pensamiento, automotivación, autogestión, autodeterminación, autorrealización y autotrascendencia) y **5 interpersonales** (empatía, comunicación efectiva, responsabilidad, interdependencia y solidaridad). En la terapia de pareja **no se trabajan con un orden fijo**: priorizamos las que cada vínculo necesita para gestionar mejor sus emociones, crear un **lenguaje emocional compartido** y sostener **acuerdos observables** que se revisan y ajustan en el tiempo.

1.3 Método CREO® (la columna vertebral)

CREO® es el esqueleto conversacional del modelo. **Centrar, Reflexionar, Elegir y Operar** son cuatro movimientos que convierten el conflicto en acuerdos.

Fase	¿Para qué sirve?	Preguntas guía	Frases ejemplo
Centrar	Enfocar en un hecho concreto, sin juicios	¿De qué se trata exactamente? ¿Cuándo ocurre?	"Quiero hablar de los celulares en la cena, ayer y hoy".
Reflexionar	Nombrar la emoción y la necesidad que hay detrás	¿Qué me dolió? ¿Qué necesito? ¿Qué historia se activó?	"Me entristecí porque necesito sentirme prioridad al menos durante la comida".
Elegir	Definir actitud y límites que cuidan el vínculo	¿Qué actitud nos ayuda? ¿Qué límite es sano?	"Quiero que esto sea constructivo; si sube el tono, pausa y volvemos a las 8:30".
Operar	Convertir en acción con fecha	¿Qué haremos distinto? ¿Cuándo revisamos?	"Esta semana sin pantallas en la cena de lunes a jueves; revisamos el resultado de esta acción el domingo".

1.4 Trabajo con las 52 necesidades psicoafectivas relacionales

No todas las parejas necesitan lo mismo ni en el mismo orden, por eso usamos un **inventario de 52 necesidades** (seguridad, pertenencia, prioridad, claridad, justicia, intimidad, descanso, reconocimiento, autonomía, juego, etc.).

Cómo se trabaja:

Jerarquía personalizada. Cada miembro elige **5–7 necesidades** urgentes. No vamos de la 1 a la 52 sino **según su realidad**.

Traducción a conductas. De "necesito reconocimiento" a "¿podrías darme **3 muestras de aprecio concretos al día** durante una semana?"

Acuerdos y cuidado propio. Lo que le pides al otro y lo que **te das tú** (autocuidado, límites, pedir ayuda).

Seguimiento. Revisamos cada 1–2 semanas y **movemos la jerarquía** conforme cambian etapas y ritmos.

1.5 Terapia de pareja y Terapia con pareja: una diferenciación necesaria

En la práctica clínica es frecuente que **sólo una persona** busque ayuda para trabajar su relación. Distinguir **Terapia de pareja** (acude **una** persona, foco en su rol y decisiones) de **Terapia con pareja** (acuden **ambas**, foco en la dinámica en vivo) **aclaran expectativas, delimitan objetivos y ordenan el encuadre**.

Diferenciación conceptual:

Terapia de pareja (acude una persona)

Definición: proceso individual orientado a la relación (clarificar emociones, necesidades y límites; preparar conversaciones; decidir caminos).

Objetivos: autoconocimiento, revisión de patrones propios, aumentar **agencia** y coherencia.

Ventajas: inicia cambios sin esperar al otro; disminuye impotencia; fortalece criterio personal.

Limitaciones: cambio **unilateral**; sesgo de versión; no se trabajan acuerdos en vivo.

Terapia con pareja (acuden ambos)

Definición: proceso diádico para observar y transformar **la interacción real**; construir acuerdos y reparar.

Objetivos: mejorar comunicación, regular escalada, pactar límites y rituales, restaurar confianza e intimidad.

Ventajas: trabajo directo sobre el patrón; corresponsabilidad y **acuerdos claros**.

Limitaciones: requiere disposición de ambos; la problemática puede escalar si no se regula; no procede si falta **seguridad emocional**.

Esquema comparativo

Aspecto	Terapia de pareja (una persona)	Terapia con pareja (dos personas)
Participantes	Uno de los miembros	Ambos miembros
Objeto de trabajo	Experiencia subjetiva, rol, decisiones	Dinámica relacional y acuerdos compartidos
Enfoque	Autogestión y límites personales	Transformación de patrones en tiempo real
Ventajas	Agiliza cambios personales; da claridad	Trabajo directo del vínculo; compromisos mutuos
Limitaciones	Unilateralidad; sesgo narrativo	Requiere apertura; riesgo de escalada
Clave terapéutica	Fortalecer para decidir y actuar con coherencia	Facilitar diálogo seguro, acuerdos y reparación

Reflexión final. No es un juego semántico: **nombrar bien ordena la clínica**. En ambos caminos buscamos relaciones más conscientes y responsables lo que cambia es el **alcance** y el **trayecto**. La distinción mejora el encuadre, la ética y los resultados.

Capítulo 2.

La vida en pareja y familia.

2.1 La vida en pareja

La vida en pareja no es sencilla. No lo ha sido nunca y no lo es ahora, sin importar la combinación de géneros ni la orientación afectiva. Cada pareja está atravesada por una compleja red de influencias: la cultura, la crianza, los valores familiares, la religión y la espiritualidad, las heridas emocionales de la infancia, las ideas sobre lo que debería ser una relación, las necesidades afectivas —satisfechas o no—, la salud mental, la economía, el deseo sexual, las expectativas de duración, el proyecto de vida en común o la decisión de tener o no tener hijos.

Tal como plantea Esther Perel (2018) psicoterapeuta especializada en relaciones de pareja, "nunca antes hemos esperado tanto del amor y de la pareja como en este momento de la historia". El ideal contemporáneo de una relación implica que la otra persona no solo sea compañera de vida sino también amante apasionada, mejor amiga, confidente, apoyo emocional, socia en proyectos, médica, adivina y, a veces, hasta guía espiritual. Esta enorme expectativa puede convertirse en una carga para el vínculo si no se acompaña de una buena dosis de autoconocimiento, comunicación y responsabilidad emocional.

John Gottman sostiene que "las parejas que funcionan no son aquellas que no tienen conflictos, sino aquellas que saben cómo repararlos" (Gottman & Silver, 2012). En otras palabras, la calidad del vínculo no se mide por la ausencia de dificultades, sino por la capacidad para dialogar, reconciliarse y evolucionar juntos.

Esa frase -por cierto- me hace recordar un momento que viví en consulta con una pareja que acudió tras el descubrimiento de una infidelidad. Ella había encontrado un cargo en el estado de cuenta de su esposo: un regalo comprado para otra mujer, al confrontarlo, él no tuvo más opción que admitir que había tenido un encuentro sexual con alguien más.

Durante la sesión ella lloraba profundamente al narrar lo que había vivido; él, en silencio, parecía hundirse en la silla incapaz de sostener su mirada. Al terminar la conversación, antes de despedirlos, les di una pieza de cerámica: un hermoso jarrón que había comprado unos meses antes para decorar el consultorio. Se los puse entre las manos y les pedí que lo arrojaran al suelo.

"Pero es muy bonito", dijo ella, preocupada. "No importa", les respondí. "Deben soltarlo." Finalmente lo hicieron. El jarrón cayó al piso y se hizo añicos.

Abrí el armario, tomé una escoba, un recogedor, una caja vacía y les pedí que levantaran con cuidado los pedazos rotos. Esa tarde se fueron de la consulta con una caja llena de fragmentos. Como su relación.

Volvieron semana tras semana con constancia, trabajaron el dolor, el enojo, la culpa, los silencios. Se dieron permiso para entender lo ocurrido, para sentirlo, para perdonarse; con el tiempo, reconstruyeron su vínculo. así como la pieza de cerámica no volvió a ser la misma, su relación tampoco pero ambas —el jarrón y la pareja— fueron reparadas y hoy dan cuenta no sólo del daño que existió, sino también de la fuerza que puede surgir cuando dos personas deciden, libre y conscientemente, seguir juntas.

Esta historia me recuerda también una antigua práctica japonesa: el *kintsugi*, arte de reparar objetos de cerámica rotos utilizando resina mezclada con polvo de oro. En lugar de ocultar las grietas, las hacen visibles y las convierten en parte de la belleza del objeto.

El *kintsugi* no busca disimular el daño sino honrarlo porque lo roto no siempre es sinónimo de desecho: a veces es la grieta la que vuelve valioso al objeto y lo mismo puede ocurrir con una relación: cuando se elige reconstruir con conciencia, paciencia y cuidado, las cicatrices no desaparecen, pero pueden transformarse en marcas de resiliencia, profundidad y amor maduro.

Las relaciones no son eternas pero algunas pueden durar muchos años si logran renovarse con honestidad, adaptarse a los cambios vitales y atender sus distintos niveles: el emocional, el sexual y el funcional. Otras en cambio, terminan cuando alguno de estos aspectos deja de ser recíproco o saludable. La responsabilidad emocional implica saber cuándo seguir y cuándo retirarse, con respeto por uno mismo y por el otro.

2.2 La vida en familia

La noción de *familia* ha cambiado profundamente en las últimas décadas. Durante siglos predominó un modelo tradicional: una pareja heterosexual unida por el matrimonio con la expectativa de procrear. Hoy ese modelo convive con múltiples formas familiares que también son válidas, legítimas y merecedoras de reconocimiento y derechos.

El término *familias incluye* toda forma de organización afectiva elegida desde la libertad y la responsabilidad: familias nucleares sin hijos, monoparentales, homoparentales, familias reconstituidas, de acogida, adoptivas o aquellas que nacen de pactos afectivos más allá del vínculo romántico.

Incluso organismos internacionales como la Organización de las Naciones Unidas (ONU) han abogado por una definición amplia de familia reconociendo que la dignidad y los derechos no dependen de una configuración específica sino del amor, el cuidado y el respeto que la sostienen (ONU, 2016).

La psicóloga mexicana Tere Díaz lo resume con claridad: "La familia que vale es la que funciona, no la que se parece a la de los comerciales de televisión" (Díaz, 2019). Es decir, lo que define a una familia emocionalmente responsable no es su forma sino su capacidad de acoger, contener, educar, dialogar y crecer en conjunto.

¿Qué tipo de pareja quieres ser? ¿Qué tipo de familia estás construyendo?

2.3 El Yo, el Tú y el Nosotros

2.3.1 La necesidad de la individualidad: el "Yo" en la pareja

Antes de ser pareja somos personas. Una relación sana no nace de la fusión sino de la unión entre dos seres completos basado en este principio, la individualidad no es egoísmo: es el cimiento de una relación madura para construir un "nosotros" sólido, primero hay que fortalecer el "yo". Una relación equilibrada no exige renunciar a uno mismo, sino compartir desde la autenticidad. Cuando cada persona conserva su identidad, intereses y espacios personales, el vínculo se enriquece. En cambio, cuando se diluye el "yo" por miedo o dependencia la relación se debilita. Amarse a uno mismo es el primer acto de amor hacia el otro. La pareja no debe ser una fusión total, sino una alianza consciente entre dos personas plenas. Desde la individualidad, elegimos libremente amar, y es esa libertad la que fortalece el "nosotros".

2.3.2 Características de una individualidad sana en pareja

a) Autoconocimiento

El autoconocimiento es el punto de partida para amar con consciencia. Una persona que se conoce sabe lo que le gusta, lo que necesita, lo que puede ofrecer y lo que no está dispuesta a negociar.

Este ejercicio evita proyectar en el otro nuestras propias carencias. Saber quién soy me permite poner límites sanos; comunicarme con claridad y vincularme desde la elección no desde la carencia. Cuando desconozco mi mundo interno, espero que el otro adivine, repare o llene vacíos que me corresponden en cambio cuando me conozco, comparto desde la abundancia por lo que para amar bien hay que empezar por mirar hacia adentro.

El autoconocimiento también abre la puerta a la autoaceptación porque al comprenderme, dejo de juzgarme con dureza y comienzo a tratarme con compasión y respeto. Me reconozco como una persona valiosa, con luces y sombras y desde ese amor propio, estoy más preparado para amar a otro sin depender.

EJERCICIO REFLEXIVO:

- ¿Qué necesito para sentirme en paz conmigo mismo/a?
- ¿Cuáles son mis valores no negociables?
- ¿Qué heridas del pasado aún me afectan?
- ¿Qué me apasiona y me conecta con mi propósito?
- ¿Cómo reacciono ante el conflicto y la frustración?
- ¿Qué temo perder si me enamoro profundamente?
- ¿Puedo estar solo/a sin sentir vacío?
- ¿Qué expectativas tengo sobre el amor y de dónde vienen?
- ¿Cómo me cuido cuando me siento vulnerable?
- ¿Qué estoy dispuesto/a ofrecer en una relación sin perderme?

5 señales de autoconocimiento antes de estar en pareja

- Conoces tus límites y necesidades.
- Gestionas tus emociones con madurez.
- Estás bien contigo mismo/a.
- Has revisado tu historia emocional.
- Te comunicas con claridad y honestidad.

b) Autonomía emocional

Tener autonomía emocional significa no esperar que el otro nos complete, sino compartir desde la plenitud. La idea de la "media naranja" distorsiona la percepción de una relación saludable, pues sugiere que estamos incompletos sin el otro. Cada persona debe aprender a pensar, sentir y actuar por sí misma. Si bien es natural que nos afecten las emociones y acciones de nuestra pareja, eso no implica perder nuestra autonomía. En una relación madura, el "yo" y el "tú" se suman para formar un "nosotros". Romantizar frases como "somos uno mismo" puede llevar a la pérdida de identidad debido a que, aunque compartamos visiones, afinidades, valores y principios siempre debemos conservar el derecho a pensar distinto; la complicidad no debe anular la individualidad.

En mi libro *Escuelas Emocionalmente Responsables* (Desclée de Brouwer) describo cinco dominios emocionales, uno de ellos es la **autonomía emocional**, que se manifiesta cuando las personas:

- Tienen un autoconcepto positivo.
- Practican el autocuidado.
- Se valoran de manera realista.
- Se expresan con libertad.
- Toman decisiones con independencia.

EJERCICIO REFLEXIVO:

- ¿Gestiono mis emociones sin depender de otros?
- ¿Responsabilizo a otros por cómo me siento?
- ¿Tomo decisiones importantes sin buscar aprobación?
- ¿Sé poner límites sin culpa?
- ¿Cómo reacciono cuando mi pareja no está disponible emocionalmente?

- ¿Disfruto mi soledad sin ansiedad?
- ¿Busco que el otro me "salve" o me complete?
- ¿El estado emocional del otro altera mi equilibrio?
- ¿Expreso mis emociones sin reprimirlas ni desbordarme?
- ¿Puedo sostenerme en momentos difíciles sin desconectarme de mí?

5 señales de autonomía emocional

- No necesitas que alguien más te salve o complete.
- Pones límites sin temor a perder amor.
- Tomas decisiones por ti mismo no desde la aprobación externa.
- Expresas tus emociones con equilibrio.
- Tu bienestar no depende totalmente del otro.

c) Autoestima

La autoestima es el terreno donde germina el amor propio sin ella, la vida en pareja puede volverse un intento constante por llenar vacíos. Antes de compartir la vida con alguien es esencial reconocer nuestro valor, cultivar la seguridad interna y tratarnos con respeto. Cuando falta autoestima la relación se convierte en refugio o evasión. Amar no es mendigar afecto ni adaptarse para ser querido, sino saberse digno de amor, incluso en la imperfección. Una autoestima sana nos permite elegir mejor, cuidar y cuidarnos. No se trata de tener una autoestima perfecta, sino de estar en camino hacia una relación respetuosa con uno mismo. Sólo quien se ama puede amar sin aferrarse ni perderse.

EJERCICIO REFLEXIVO

- ¿Me hablo con respeto o me critico constantemente?
- ¿Reconozco mis logros o los minimizo?
- ¿Sé poner límites sin sentir culpa?
- ¿Estoy cómodo/a con mi cuerpo, mi historia y mi forma de ser?
- ¿Puedo perdonarme cuando me equivoco?
- ¿Me comparo con otros constantemente?
- ¿Busco validación externa para sentirme valioso/a?
- ¿Me doy tiempo y cuidados?
- ¿Expreso lo que pienso y necesito, incluso si no es popular?
- ¿Siento que merezco una relación donde se me ame bien?

5 señales de autoestima saludable

- Te reconoces con dignidad, incluso en momentos difíciles.
- Te hablas con compasión.
- No aceptas migajas emocionales.
- Te permites fallar y aprender sin culpas destructivas.
- Recibes críticas y elogios con equilibrio.

2.3.3 El "Tú" en la pareja: Conocer, cuidar y respetar al otro

En una relación emocionalmente responsable, el "tú" no se da por sentado. Amar a alguien implica interesarse genuinamente en su mundo interno; respetar sus procesos; validar sus emociones y comprender sus límites. Así como el "yo" requiere fortalecerse, el "tú" necesita ser reconocido en su diferencia. El amor consciente no busca moldear al otro a imagen propia sino abrazar su singularidad.

En este eje, exploraremos cómo el conocimiento del otro, su autonomía emocional y su autoestima también forman parte del cuidado mutuo. No basta con preguntarnos quién soy, también es necesario preguntarnos: ¿quién es el otro?, ¿cómo puedo acompañarle sin invadirle?, ¿cómo puedo amar sin controlar?

a) Conocimiento del otro: amar es interesarse

Conocer al otro no es controlarlo ni poseerlo sino comprenderlo y respetarlo. Es escuchar sin interrumpir, observar sin juzgar, acompañar sin intentar cambiar. Una relación sana se nutre de la curiosidad afectiva: esa disposición a seguir descubriendo al otro incluso con los años. Conocer al otro implica interesarse por sus heridas, sus miedos, sus sueños y sus formas de amar porque sólo cuando entendemos el mundo del otro podemos amar con empatía y no desde nuestras propias carencias.

EJERCICIO PARA CONOCER MEJOR A MI PAREJA:

- ¿Qué le da paz y qué le genera ansiedad?
- ¿Cuáles son sus heridas emocionales más profundas?
- ¿Qué valora por encima de todo en una relación?
- ¿Qué le cuesta trabajo expresar y cómo puedo facilitarle ese proceso?
- ¿Cómo gestiona el conflicto y cómo puedo acompañarlo sin invadir?
- ¿Cuáles son sus sueños personales, más allá de la relación?
- ¿Qué espera del amor y qué le duele del pasado?
- ¿Qué necesita cuando se siente triste o abrumado/a?
- ¿Qué lo hace sentir validado, visto y amado?
- ¿De qué manera me está pidiendo amor, aunque no siempre lo diga con palabras?

b) Autonomía emocional del otro: acompañar sin invadir

Amar al otro no significa absorberlo ni fundirse con él. La autonomía emocional de la pareja es una necesidad vital para que la relación sea un espacio de libertad compartida. Cada persona necesita poder sentir, pensar y actuar desde sí misma, incluso estando en pareja. A veces por miedo a perder al otro o por ansiedad afectiva intentamos controlar sus emociones, decisiones o ritmos personales pero una relación emocionalmente responsable respeta los procesos del otro sin invadirlos. Amar bien también es saber dar espacio sin que eso signifique indiferencia.

EJERCICIO PARA REFLEXIONAR SOBRE LA AUTOESTIMA DE MI PAREJA:

- ¿Respeto el tiempo emocional que el otro necesita o intento apresurarlo?
- ¿Puedo sostener su tristeza, enojo o silencio sin tomarlo como algo personal?
- ¿Entiendo que su bienestar emocional no depende exclusivamente de mí?
- ¿Le permito equivocarse sin recordárselo constantemente?
- ¿Puedo ofrecer consuelo sin intentar resolver todo por él/ella?
- ¿Estoy presente sin necesidad de estar siempre controlando?
- ¿Acepto que mi pareja puede necesitar momentos de soledad o silencio?
- ¿Sé cuándo mi ayuda es apoyo y cuándo se vuelve dependencia?
- ¿Cómo reacciono cuando mi pareja no se abre emocionalmente como yo espero?
- ¿Estoy dispuesto/a acompañar sin imponer mi forma de sanar?

c) Autoestima del otro: cuidar sin anular

Amar también es cuidar la autoestima del otro. No se trata de inflarla ni de hacerla depender de nuestra aprobación, sino de tratar al otro con dignidad, validarlo emocionalmente y evitar dinámicas que lo minimicen. La pareja no es un escenario para proyectar inseguridades, ni para competir, ni para herirse con palabras que dejan huella, es un espacio para crecer sin comparaciones para fallar sin miedo y para construir una relación donde ambos se sientan valiosos tal como son. Cuando uno cuida la autoestima del otro está diciendo con sus actos: "te respeto incluso en tus fragilidades".

EJERCICIO PARA CUIDAR LA AUTOESTIMA DE MI PAREJA:

- ¿Cómo me comunico con mi pareja cuando está vulnerable?
- ¿Qué tipo de comentarios le hago cuando se equivoca?
- ¿Valido sus logros o los minimizo en comparación con los míos?
- ¿Hago críticas constructivas o uso el sarcasmo como forma de control?
- ¿Reconozco sus esfuerzos o doy por hecho todo lo que hace?
- ¿Apoyo sus decisiones o tiendo a cuestionarlas constantemente?
- ¿Respeto su historia, su cuerpo, su forma de ser?
- ¿Le hago sentir admirado/a y deseado/a?
- ¿Evito comparaciones que puedan dañarle?
- ¿Estoy siendo refugio o lugar inseguro para su autoestima?

2.3.4 El "Nosotros" en la relación: necesidades mutuas y construcción del vínculo compartido

El "nosotros" no es la pérdida del "yo" ni la absorción del "tú" sino una construcción consciente entre dos personas que deciden caminar juntas, es el espacio simbólico donde se cultivan los acuerdos; se comparten los sueños y se sostienen mutuamente las emociones. No se trata de dejar de ser uno mismo sino de aprender a convivir con otro desde el respeto; la escucha y la reciprocidad.

El "nosotros" implica responsabilidad afectiva, comunicación constante, negociación de diferencias y compromiso, también requiere conciencia: saber que todo lo que uno hace, dice o decide, impacta en ese vínculo. Así como el "yo" aporta identidad y el "tú" abre al encuentro, el "nosotros" invita a crear algo que no existía antes: una relación con historia, lenguaje propio y propósito compartido.

Una pareja emocionalmente responsable cuida del vínculo, lo alimenta, lo cuestiona, lo renueva. No se instala en la comodidad ni en la rutina como si el amor se diera por hecho. El "nosotros" se construye todos los días con actos, palabras y decisiones conscientes.

EJERCICIO REFLEXIVO: El "NOSOTROS"

Responde con honestidad, apertura y sin juicios.

- ¿Qué estamos construyendo juntos más allá del enamoramiento?
- ¿Qué acuerdos explícitos o implícitos sostienen nuestra relación?
- ¿Qué prácticas fortalecen nuestro vínculo y cuáles lo debilitan?
- ¿Sabemos comunicarnos en momentos de conflicto sin atacarnos?
- ¿Cómo compartimos el poder en la relación? ¿Ambos decidimos?

- ¿Qué sueños tenemos como pareja y cómo los estamos nutriendo?
- ¿Estamos creciendo juntos o solo sobreviviendo como pareja?
- ¿Cómo cultivamos la intimidad, el juego, el sentido del humor?
- ¿Qué tanto nos escuchamos de verdad sin interrumpir ni asumir?
- ¿Qué significado tiene para cada uno el "nosotros" que formamos?

5 señales de que están construyendo un "Nosotros" saludable

- **Comparten decisiones importantes y se consultan mutuamente**
  - » No hay imposiciones. Ambos se sienten escuchados y tomados en cuenta.
- **Tienen proyectos y metas compartidas**
  - » El vínculo va más allá del presente: hay una visión de futuro en común.
- **Se apoyan emocionalmente sin cargarse mutuamente**
  - » Saben estar el uno para el otro sin caer en la dependencia.

- **Resuelven conflictos con diálogo y empatía**
    - » No buscan ganar, sino entender y construir acuerdos.
- **Cuidan el vínculo activamente, no sólo cuando hay problemas**
    - » Se interesan por la calidad de la relación, incluso en tiempos de calma.

La vida en pareja y la vida en familia son construcciones dinámicas que requieren consciencia, cuidado y decisión. Ninguna relación está libre de retos, pero las que prosperan son aquellas donde el "yo" se cultiva, el "tú" se respeta y el "nosotros" se construye día a día. La diversidad de formas familiares nos recuerda que no existe un único modelo válido: lo esencial es la responsabilidad afectiva, la capacidad de diálogo y la voluntad de crecer juntos. Cuando el yo se respeta y el tú se reconoce, el nosotros se vuelve posible.

Capítulo 3.
El modelo EMORES®. El modelo de la Responsabilidad Emocional.

3.1 Filosofía EMORES

EMORES® (acrónimo de Emocionalmente Responsables) nació como una propuesta educativa y terapéutica orientada al desarrollo de competencias socioemocionales. Con el tiempo, trascendió el ámbito técnico y formativo para convertirse en una filosofía de vida.

Hoy, EMORES® no sólo es un modelo de inteligencia emocional compuesto por diez competencias intrapersonales, cinco competencias interpersonales y cinco componentes estructurantes: es una invitación a vivir con conciencia, autenticidad, respeto y, sobre todo, con responsabilidad emocional.

La esencia de EMORES® radica en comprender la responsabilidad afectiva. No se trata solo de gestionar emociones, sino de elegir conscientemente una actitud ante la vida basada en el cuidado, la coherencia y la libertad interior. Cada emoción trae un mensaje y nuestra tarea es escucharlo, comprenderlo y transformarlo con madurez y humildad.

3.1.1 Los mantras

Después de comprender la esencia de EMORES® como filosofía de vida, surge la necesidad de guías prácticas que la traduzcan en el día a día para ello, el modelo propone diez mantras que funcionan como anclas de sentido.

En congruencia con esta filosofía, EMORES® propone diez mantras como guías existenciales son afirmaciones que funcionan como anclas de sentido y declaraciones de poder personal.

Sé quién soy, dónde estoy y a dónde voy.

El autoconocimiento me permite construir mi identidad: Vivo en el presente, aprendo del pasado y me visualizo en el futuro con confianza y seguridad.

Soy una persona auténtica, valiosa y merecedora.

Reconozco mi dignidad y autenticidad: Mi valor no depende de los demás lo defino yo; merezco cosas buenas y aprendo a permitir que sucedan.

Soy una persona autónoma, libre y responsable.

Escucho consejos pero decido por mí mismo. Mi libertad siempre va acompañada de responsabilidad, fe y propósito.

Soy una persona justa, solidaria y ecológica.

Me trato con compasión y respeto; escucho y atiendo las necesidades de los demás sin perderme a mí; cuido de la tierra y colaboro para el bien común.

Soy responsable de lo que pienso, siento, digo y hago.

Nadie me "hace sentir", yo elijo cómo responder. Asumir mi responsabilidad me da poder y libertad.

Soy una persona artesana de mi propia vida.

Mi vida es una pieza que modelo con amor y compromiso. El destino es la ruta que sigo mientras disfruto el camino. **Te elijo, te acepto, te amo y te respeto.**

Te elijo voluntariamente, te acepto tal como eres, te amo procurando tu bien y te respeto escuchándote sin juicios.

Con lo que tengo es suficiente y me alcanza.

Ya soy. Tengo recursos y dones para empezar. Elijo vivir en abundancia y compartir desde la prosperidad.

Me descubro, me libero, me amo y me reinvento.

Me dejo sorprender por lo que soy. Me libero de resentimientos y expectativas ajenas. Me amo y me reinvento en libertad.

Elijo amarme y respetarme todos los días de mi vida.

Es mi promesa diaria frente al espejo: Me amo y respeto para ser tratado de la misma manera.

3.2 Principios orientadores

Si los mantras nos acompañan como recordatorios internos, los principios orientadores son la brújula ética que guía nuestras relaciones y decisiones cotidianas. Acompañando a los mantras EMORES®, se sostiene en diez principios éticos que orientan la vida cotidiana desde la responsabilidad y la conciencia:

- Estar en paz con el pasado y con la familia de origen.
- Disfrutar el presente con amor y atención plena.
- Asumir la responsabilidad de pensamientos, sentimientos y acciones.
- Actuar en lo que podemos cambiar y aceptar lo que no está en nuestras manos.
- Comunicarnos con empatía e impecabilidad.
- Manifestar agradecimiento, reconocimiento y solidaridad.
- Respetar la libertad y las elecciones de los demás.

- Tratarnos con respeto, aprecio y valoración.
- Gestionar nuestras emociones y estados de ánimo.
- Vivir con realización, sentido y propósito.

Estos principios no están escritos en piedra sino en la conciencia. Ser emocionalmente responsables es una práctica constante de humanidad, atención y congruencia.

3.3 El modelo de responsabilidad emocional EMORES®

Ahora pasamos de la inspiración ética a la organización técnica del modelo. EMORES®, se articula en cinco componentes que constituyen la base de las competencias emocionales.

El modelo EMORES®, integra quince competencias (diez intrapersonales y cinco interpersonales) organizadas en cinco grandes dominios socioemocionales:

3.3.1 Los cinco componentes

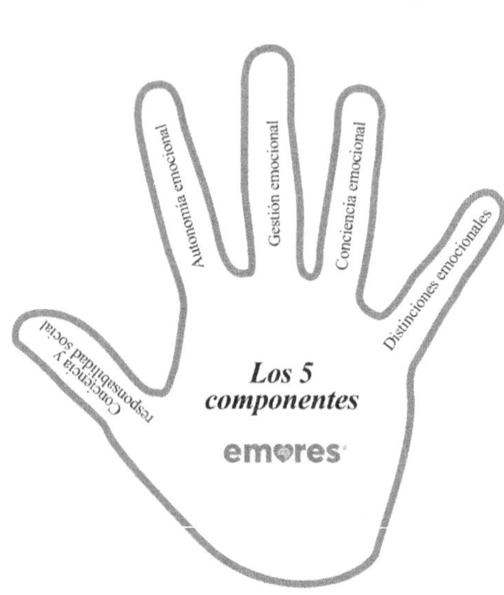

1. **Distinciones emocionales:** diferenciar entre emociones, sentimientos y estados de ánimo, con un lenguaje emocional amplio.
2. **Conciencia emocional:** identificar las emociones propias y percibir las ajenas.
3. **Gestión emocional:** transformar resentimientos, gestionar emociones difíciles y generar estados positivos.
4. **Autonomía emocional:** construir un autoconcepto positivo, cuidarse, expresarse con libertad y decidir con independencia.
5. **Conciencia y responsabilidad social**: practicar empatía, gratitud, solidaridad y reconocimiento hacia otros.

3.4 Meta-competencias intrapersonales

Cada componente se despliega en competencias concretas. Iniciamos con las intrapersonales, que nos ayudan a fortalecer el "yo" como punto de partida para toda relación.

3.4.1 Autoconocimiento

Reconocer fortalezas, áreas de oportunidad, valores y misión de vida (Goleman, 2007).

- ¿Soy capaz de comprenderme a mí mismo?
- ¿Reconozco, asimilo y expreso lo que siento?
- ¿Me permito entrar en contacto con mis emociones y darles un lugar?

3.4.2 Autoestima

- La percepción de nuestro propio valor como base del amor propio (Gardner, 2018).
- ¿Me valoro y me amo tal como soy?
- ¿Cuido de mi cuerpo, mente y emociones?
- ¿Pongo límites con claridad y sin culpa?

3.4.3 Autorregulación

Capacidad para mitigar emociones negativas y potenciar las positivas (Bisquerra, 2010).

- ¿Mantengo la calma en medio de tormentas emocionales?
- ¿Me doy permiso de sentir y pensar antes de actuar?
- ¿Soy capaz de regular mis impulsos con templanza?

3.4.4 Autoconfianza

El respaldo interior que nos damos, vinculado a la autoestima y la autoeficacia.

- ¿Confío en mis recursos internos para afrontar desafíos?
- ¿Soy el primero en darme apoyo y confianza?

3.4.5 Autonomía de pensamiento

- Pensar y decidir con libertad y responsabilidad (Maslow, 2012).
- ¿Pienso por mí mismo y respeto mi visión del mundo?
- ¿Decido con libertad y responsabilidad?

3.4.6 Automotivación

- Dar sentido y propósito para impulsar la acción.
- ¿Encuentro dentro de mí la fuerza para avanzar hacia mis metas?
- ¿Me motivo al reconocer mis logros y aprendizajes?

3.4.7 Autogestión

- Resolver retos y necesidades sin caer en dependencia o codependencia.
- ¿Actúo con iniciativa y confianza ante las dificultades?
- ¿Me adapto con flexibilidad a los cambios?

3.4.8 Autodeterminación

- Capacidad de sostenerse en la acción con disciplina y perseverancia.
- ¿Uso mi automotivación para no claudicar en momentos difíciles?
- ¿Me sostengo con constancia en lo que me propongo?

3.4.9 Autorrealización

- Desarrollo del potencial personal como camino hacia la plenitud (Maslow, 1973).
- ¿Construyo mi autorrealización día a día?
- ¿Me reconozco como una persona digna y valiosa más allá de los logros?

3.4.10 Autotrascendencia

- Sentido de contribuir a algo mayor que uno mismo (Maslow, 1973).
- ¿Me propongo dejar huella con autenticidad?
- ¿Aspiro a la autotrascendencia como sentido profundo de mi vida?

3.5 Meta-competencias interpersonales

Una vez fortalecida la dimensión personal EMORES®, nos invita a ampliar la mirada hacia los demás. Las competencias interpersonales son el puente que conecta nuestro mundo interno con la construcción de vínculos responsables.

3.5.1 Empatía

- Percibir y comprender lo que vive el otro (Goleman, 2007).
- ¿Sé escuchar con atención y empatía?
- ¿Actúo con agradecimiento y reconozco el valor de los demás?

3.5.2 Comunicación efectiva

- Expresar sentimientos e ideas con objetividad y asertividad.
- ¿Procuro ser asertivo en mi comunicación?
- ¿Uso el diálogo para construir vínculos sanos?

3.5.3 Responsabilidad

- Capacidad para crear compromisos auténticos y tomar decisiones conscientes (Kierkegaard, 1980).
- ¿Asumo la responsabilidad de mis actos con conciencia y honestidad?
- ¿Reflexiono antes de actuar y elijo con sabiduría?

3.5.4 Interdependencia

- Relacionarse con los demás sin caer en dependencia ni control.
- ¿Sé colaborar sin perder mi autonomía?
- ¿Soy flexible y abierto ante las ideas de los demás?

3.5.5 Solidaridad

- Dar apoyo y colaborar por el bien común.
- ¿Me comprometo con acciones que impacten positivamente en mi entorno?
- ¿Soy solidario con personas, animales y naturaleza?
- Evaluación de Meta-Competencias - Modelo EMORES®
- Instrucciones: Lee cada afirmación con atención y marca la opción que mejor describa tu nivel de acuerdo.

1. Totalmente en desacuerdo
2. En desacuerdo
3. De acuerdo
4. Totalmente de acuerdo

META-COMPETENCIAS INTRAPERSONALES-

1. AUTOCONOCIMIENTO

Pregunta	**1** **Totalmente en desacuerdo**	**2** **En desacuerdo**	**3** **De acuerdo**	**4** **Totalmente de acuerdo**
¿Soy capaz de comprenderme a mí mismo?				
¿Reconozco, asimilo y expreso lo que siento?				
¿Me permito entrar en contacto con mis emociones y darles un lugar?				

2. AUTOESTIMA

Pregunta	1 Totalmente en desacuerdo	2 En desacuerdo	3 De acuerdo	4 Totalmente de acuerdo
¿Me valoro y me amo tal como soy?				
¿Cuido de mi cuerpo, mente y emociones?				
¿Me respeto y hago respetar mis límites?				
¿Pongo límites con claridad y sin culpa?				

3. AUTORREGULACIÓN

Pregunta	1 otalmente en des-acuerdo	2 En desacuer-do	3 De acuerdo	4 Totalmente de acuerdo
¿Percibo y asimilo las emociones que vienen del exterior sin perderme en ellas?				
¿Me doy permiso de sentir, y también de pensar antes de actuar?				
¿Mantengo la calma en medio de las tormentas emocionales?				
¿Soy capaz de autorregular mis impulsos y tomar decisiones desde la templanza?				
¿Aun en situaciones difíciles, conservo el control y busco soluciones con claridad?				

4. AUTOCONFIANZA

Pregunta	1 Totalmente en desacuerdo	2 En desacuerdo	3 De acuerdo	4 Totalmente de acuerdo
¿Confío en mis recursos internos para afrontar los desafíos que se me presentan?				
¿Mantengo una actitud optimista sin perder de vista la realidad?				
¿Reconozco lo que tengo, dentro y fuera de mí, para avanzar con firmeza?				
¿Soy el primero en darme apoyo, crédito y confianza?				
¿Me acompaño con respeto y seguridad, incluso cuando el camino es incierto?				

5. AUTONOMÍA DE PENSAMIENTO

Pregunta	1 Totalmente en desacuerdo	2 En desacuerdo	3 De acuerdo	4 Totalmente de acuerdo
¿Pienso por mí mismo y respeto mi forma de ver el mundo?				
¿No dependo emocionalmente de los demás para sentirme valioso?				
¿Me relaciono desde la autoestima, la seguridad y la confianza en mí?				
¿Escucho otras opiniones, pero decido con libertad y responsabilidad?				
¿Actúo desde mi autonomía, sin perder de vista el bienestar colectivo?				

6. AUTOMOTIVACIÓN

Pregunta	1 Totalmente en desacuerdo	2 En desacuerdo	3 De acuerdo	4 Totalmente de acuerdo
¿Soy capaz de activar mi energía vital para avanzar hacia mis metas?				
¿Encuentro dentro de mí la fuerza para resolver problemas?				
¿Valoro las motivaciones externas pero actúo guiado por mis propios para qué?				

¿Me comprometo con mis objetivos desde la voluntad, el interés y la responsabilidad?				
¿Me motivo al reconocer mis logros y el sentido que tiene la vida para mí?				

7. AUTOGESTIÓN

Pregunta	1 Totalmente en desacuerdo	2 En desacuerdo	3 De acuerdo	4 Totalmente de acuerdo
¿Tengo la capacidad de resolver los retos cotidianos que se presentan en mi vida?				
¿Me adapto con flexibilidad a los cambios y a las circunstancias inesperadas?				
¿Mantengo una actitud abierta, apreciativa y enfocada en las soluciones?				
¿Actúo con iniciativa y confianza cuando enfrento dificultades?				
¿Considero que cada problema es una oportunidad para crecer y aprender?				

8. AUTODETERMINACIÓN

Pregunta	1 Totalmente en desacuerdo	2 En desacuerdo	3 De acuerdo	4 Totalmente de acuerdo
¿Poseo la capacidad de autodeterminarme?				
¿Utilizo mi automotivación para impulsarme?				
¿Cuento con la determinación necesaria para no claudicar en los momentos difíciles?				
¿Mi autodeterminación me permite actuar con coraje, disciplina, constancia, perseverancia y resiliencia?				
¿Logro lo que me propongo gracias a mi fuerza interna y compromiso personal?				

9. AUTORREALIZACIÓN

Pregunta	1 Totalmente en desacuerdo	2 En desacuerdo	3 De acuerdo	4 Totalmente de acuerdo
¿Construyo mi autorrealización cada día a través de pequeños logros?				
¿Me esfuerzo de acuerdo con mis capacidades, gustos, deseos y preferencias?				
¿Me reconozco a mí mismo como una persona digna y valiosa?				
¿Mi valor no depende únicamente de mis logros o triunfos?				
¿El reconocimiento que me doy fortalece mi autoestima y sentido de vida?				

10. AUTOTRASCENDENCIA

Pregunta	1 Totalmente en desacuerdo	2 En desacuerdo	3 De acuerdo	4 Totalmente de acuerdo
¿Me propongo dejar huella siendo auténtico?				
¿Comparto con los demás lo mejor que hay en mí?				
¿Mi visión es incluyente, solidaria y orientada al progreso?				
¿Aspiro a la autotrascendencia como sentido profundo de mis acciones, proyectos y de mi vida?				
¿Reconozco que mi propósito es único y está ligado a mi cultura, ideologías y autonomía?				
¿Respeto y apoyo los fines de vida de otras personas, aunque sean distintos al mío?				

META-COMPETENCIAS INTERPERSONALES-

1. EMPATÍA

Pregunta	1 Totalmente en desacuerdo	2 En desacuerdo	3 De acuerdo	4 Totalmente de acuerdo
¿Soy capaz de comprender cómo se sienten los demás?				
¿Sé escuchar con atención y empatía?				
¿Percibo, asimilo y comprendo lo que sucede a mi alrededor?				
¿Expreso mis emociones de forma clara y honesta?				
¿Actúo con agradecimiento y reconozco el valor de los demás?				

2. COMUNICACIÓN EFECTIVA

Pregunta	1 Totalmente en desacuerdo	2 En desacuerdo	3 De acuerdo	4 Totalmente de acuerdo
¿Procuro ser asertivo en mi comunicación?				
¿Me relaciono de manera cordial y respetuosa con las personas?				
¿Cuido la forma en que expreso lo que pienso y siento?				
¿Utilizo el diálogo como una herramienta para construir vínculos sanos y significativos?				
¿Tengo habilidades conversacionales que me permiten conectar con los demás?				

3. RESPONSABILIDAD

Pregunta	1 Totalmente en desacuerdo	2 En desacuerdo	3 De acuerdo	4 Totalmente de acuerdo
¿Integro mis emociones con el razonamiento para tomar decisiones acertadas?				
¿Expreso lo que pienso y siento desde la primera persona?				
¿Respondo con madurez frente a mis compromisos?				
¿Asumo la responsabilidad de mis actos con conciencia y honestidad?				
¿Confío en mi capacidad para reflexionar antes de actuar y elegir con sabiduría?				

4. INTERDEPENDENCIA

Pregunta	1 Totalmente en desacuerdo	2 En desacuerdo	3 De acuerdo	4 Totalmente de acuerdo
¿Disfruto de mis momentos de soledad y los aprovecho para reconectar conmigo mismo?				
¿Soy autónomo e independiente para realizar mis actividades?				
¿Colaboro en grupo o trabajo en equipo cuando es necesario, aunque no siempre sea mi preferencia?				
¿Sé actuar en colaboración, aportando ideas valiosas?				
¿Soy flexible y abierto ante las ideas de los demás?				

5. SOLIDARIDAD

Pregunta	1 Totalmente en desacuerdo	2 En desacuerdo	3 De acuerdo	4 Totalmente de acuerdo
¿Actúo en apoyo a causas que promueven el bien común?				
¿Me solidarizo ayudando o brindando apoyo según se necesite?				
¿Soy solidario con las personas, los animales y la naturaleza?				
¿Me comprometo con acciones que buscan un impacto positivo en mi entorno?				
¿Elijo vivir con empatía, responsabilidad y conciencia colectiva?				

Interpretación de Resultados

Este instrumento no constituye un diagnóstico profesional. Es una herramienta de autoevaluación diseñada para ayudarte a observar de manera reflexiva las áreas en las que puedes fortalecer tus competencias emocionales. Si identificas aspectos que deseas trabajar más a fondo, es recomendable acercarte a un Profesional en Psicología, la Salud Mental o el Desarrollo Humano.

Cada respuesta se valora según la siguiente escala:

1 = Totalmente en desacuerdo

2 = En desacuerdo

3 = De acuerdo

4 = Totalmente de acuerdo

Cómo calcular tu resultado

1. Suma las respuestas de cada competencia (por ejemplo, Autoestima tiene 4 preguntas; suma sus valores).

2. Divide entre el número de preguntas de esa competencia (ejemplo: 12 ÷ 4 = 3.0).

3. Interpreta el resultado de acuerdo con la siguiente tabla:

Rango	Nivel de desarrollo	Interpretación
1.0 - 1.9	Inicial	Áreas que requieren atención prioritaria
2.0 - 2.9	En desarrollo	Buen inicio, necesita fortalecimiento
3.0 - 3.4	Funcional	Nivel adecuado, seguir reforzando
3.5 - 4.0	Consolidado	Competencia integrada y visible

Puedes calcular también el promedio general por tipo de competencia: intrapersonales (promedio de las 10 primeras competencias) e interpersonales (promedio de las 5 siguientes).

Resumen de Resultados por Competencia

En esta tabla puedes registrar el puntaje promedio obtenido en cada competencia y anotar observaciones o reflexiones personales que te ayuden a identificar tus fortalezas.

Competencia	Puntaje Promedio	Observaciones
1. Autoconocimiento		
2. Autoestima		
3. Autorregulación		
4. Autoconfianza		
5. Autonomía de pensamiento		
6. Automotivación		
7. Autogestión		
8. Autodeterminación		
9. Autorrealización		
10. Autotrascendencia		
11. Empatía		

12. Comunicación efectiva		
13. Responsabilidad		
14. Interdependencia		
15. Solidaridad		

EMORES®, no es sólo un marco conceptual ni un conjunto de habilidades: es una práctica constante que combina filosofía, ética y acción. Vivir emocionalmente responsables significa integrar el "yo", el "tú" y el "nosotros" con congruencia, amor y libertad. No se trata de llegar a una meta final, sino de ejercitar día a día la conciencia, la elección y la responsabilidad afectiva.

Ser emocionalmente responsables no es un destino, es una práctica diaria.

Capítulo 4.

La Gestión Emocional.

Lo que no se nombra, se actúa.

4.1 La escena inicial. El conflicto de Melba y Tomás

Tomás está en casa cuidando de sus hijos. Llegó hace un par de horas luego de pasar por la guardería y preparar la cena; se ha sentado en el sofá a descansar unos minutos, es viernes y ha sido una semana intensa.

Melba, su esposa, acaba de llegar del trabajo; ha tenido un día difícil: discusiones en la oficina, tráfico pesado y una sensación constante de estar contra reloj. Los niños corren a recibirla, uno de ellos -por la emoción del encuentro- deja un juguete justo en la entrada ante el abrazo desordenado Melba, tropieza y cae al suelo con todo y bolso.

Tomás se levanta de inmediato al verla en el piso:

—¿Estás bien? —pregunta acercándose.

Pero Melba, herida en cuerpo y emoción, reacciona con enojo:

—¡Pero quítate! Me he caído por tu culpa, ¿por qué dejas que los niños tengan todo tirado?

Así, lo que pudo haber sido un momento de conexión y cuidado, se convirtió en un campo minado. Tomás responde desde la herida:

—¡Yo no los dejé! Estaba con ellos, además yo también estoy cansado.

—¡Claro! Tú siempre estás cansado ¡Tú nunca te haces cargo de lo que pasa aquí!

—¿Yo nunca? ¡Y tú siempre llegas de malas!

La discusión escala; el tono sube; las heridas viejas afloran, nadie gana ambos pierden algo.

4.2 Emoción, sentimiento y estado de ánimo: saber diferenciar

Para que una pareja pueda comprenderse y sostenerse emocionalmente, primero debe aprender a nombrar, distinguir y gestionar lo que siente porque no todo lo que sentimos es lo mismo ni se expresa igual. Desde la psicología emocional, es importante distinguir entre tres conceptos fundamentales:

Emoción: respuesta psicofisiológica automática e intensa ante un estímulo interno o externo; tiene corta duración y genera cambios corporales inmediatos (Bisquerra, 2009; Goleman, 1995).

Sentimiento: interpretación consciente y más duradera de la emoción e involucra al pensamiento y la memoria. Por ejemplo, la emoción del miedo puede convertirse en el sentimiento de inseguridad.

Estado de ánimo: disposición afectiva más difusa y prolongada en el tiempo. A diferencia de las emociones no siempre tiene una causa identificable ya que a veces simplemente "nos sentimos mal", sin saber por qué (Mayer & Salovey, 1997).

Identificar con precisión si estoy emocionado, afectado o simplemente desanimado es el primer paso para no reaccionar desde la confusión.

4.3 Emociones de valencia positiva y negativa

Las emociones no deben categorizarse como "buenas" o "malas" ya que son todas funcionales y adaptativas si se reconocen y se canalizan. Lo que distingue a unas de otras es su valencia emocional:

Valencia positiva: favorece la conexión, el bienestar y el vínculo (ej. alegría, felicidad, amor).

Valencia negativa: advierte sobre una amenaza o una necesidad no resuelta (ej. miedo, enojo, tristeza).

En el caso citado, tanto Tomás como Melba, tenían emociones válidas, pero al no gestionarlas la reacción automática anuló la oportunidad de conexión.

4.4 ¿Qué nos pasa con nuestras emociones?

Tal vez, mientras leías la escena descrita de Tomás y Melba, sentiste que en algún momento has sido uno de los dos: tal vez has llegado a casa con el peso del día sobre los hombros y cualquier detalle ha sido el detonante de una explosión emocional o, tal vez has estado al otro lado esperando que a quien amas llegue a casa, sólo para recibir un reclamo que no sabes de dónde viene.

¿Por qué en segundos lo que parecía cotidiano se transforma en un conflicto?, ¿por qué nos cuesta tanto gestionar lo que sentimos sin herir al otro o sin encerrarnos?

La verdad es que nadie nos enseñó cómo hacerlo y, sin herramientas emocionales muchas parejas caminan sobre cristales emocionales sin saberlo. Cada palabra no dicha o emoción no nombrada puede convertirse en una astilla que duele en silencio o se clava en el otro sin intención.

No se trata de reprimir lo que sentimos sino de aprender a parar antes de dañar; a poner palabras en lugar de gritos; a dialogar en vez de reaccionar.

Algunas recomendaciones básicas:

Aprende a detenerte cuando sientes que el volcán está a punto de hacer erupción. Respira. Retírate.

Pospón la conversación si el otro está hirviendo. Puedes decir: "Hablamos en 20 minutos, sólo quiero calmarme para entenderte mejor".

Escucha antes de responder. Escuchar no es quedarte callado mientras piensas qué decir; es abrirte para comprender al otro.

Valida lo que el otro siente aunque no lo compartas. Un simple "entiendo que eso te haya dolido" puede ser el puente que evite una pelea mayor.

Acuerda cuándo y cómo conversar. Si se vuelve costumbre postergar todo el vínculo se debilita pero si se habla con respeto el vínculo madura.

Cuando nos dejamos llevar por la emoción sin comprenderla el diálogo se rompe por eso, aprender a identificar nuestras emociones con precisión es un acto de responsabilidad afectiva.

4.5 Termómetros emocionales EMORES®

Una brújula para navegar en pareja

Cuando no sabemos nombrar lo que sentimos, reaccionamos desde la confusión y en pareja, esa confusión tiene eco. Lo que uno calla el otro lo interpreta; lo que uno explota, el otro lo absorbe.

Por eso desarrollé los termómetros emocionales EMORES®, una herramienta que permite recorrer con lenguaje sensible cuatro grandes familias afectivas:

Paz ↔ Ansiedad

Amor ↔ Desamor

Felicidad ↔ Rabia

Logro ↔ Pérdida

A continuación, los presentamos completos con ejemplos, niveles y ejercicios:

4.5.1 Termómetro 1: Paz ↔ Ansiedad

Del equilibrio interno al desborde emocional.

En la vida en pareja, uno de los mayores anhelos compartidos es la paz emocional: sentirnos en calma con nosotros mismos y seguros en el vínculo pero también es uno de los estados más frágiles, basta un malentendido, una palabra mal dicha, un gesto no reconocido para que la paz se transforme en inquietud y ésta escale hasta la ansiedad.

Este termómetro te ayudará a identificar en qué punto emocional estás y cómo puedes gestionarlo antes de que la tensión escale innecesariamente. En cada palabra hay un matiz y en cada matiz, una oportunidad de consciencia.

Alta intensidad positiva

- Paz: Estado profundo de calma interior, equilibrio y plenitud. Sentirse en paz en pareja es como habitar un espacio donde uno puede simplemente ser.

- Armonía: Sensación de que todo fluye tanto interna como externamente, no hay lucha ni tensión.
- Serenidad: Tranquilidad acompañada de claridad y aceptación, se puede conversar incluso sobre lo difícil.
- Tranquilidad: Ausencia de perturbaciones externas, descanso emocional.
- Relajación: Disolución de la tensión física o mental. El cuerpo también se siente en casa.
- Seguridad: Sentimiento de confianza en el entorno o en uno mismo. Saber que se está a salvo emocionalmente.
- Confianza: Certeza en uno mismo o en la relación. El otro no es una amenaza.
- Esperanza: Visión positiva hacia el futuro en común.
- Compasión: Capacidad de comprender el dolor del otro con deseo genuino de aliviarlo.

Frontera emocional (baja intensidad – inicio de disonancia)

- Paciencia: Capacidad de sostener situaciones sin ansiedad ni impulsividad.
- Resignación: Aceptación sin lucha frente a lo que no se puede cambiar aunque no siempre sea con alegría.
- Inquietud: Sensación leve de desasosiego que interrumpe la calma.

Inicio de valencia negativa (emociones de malestar creciente)

- Preocupación: Ocupación anticipada del pensamiento ante lo incierto.
- Frustración: Surge al no lograr lo esperado en el vínculo o la convivencia.
- Inseguridad: Falta de confianza en uno mismo o en la relación. Dudas constantes.
- Desconfianza: Sospecha de que el otro puede fallarnos o no cuidarnos emocionalmente.
- Consternación: Impacto emocional ante algo doloroso o inesperado.
- Desorientación: No saber dónde estás parado (emocionalmente) en la relación.
- Sensación de abuso: Percepción de haber sido vulnerado o usado sin equidad.
- Incertidumbre: Inseguridad frente al futuro o ante las decisiones que deben tomarse.
- Nerviosismo: Agitación interna sin causa clara pero con efecto relacional.

Intensidad negativa creciente (cuando la mente y el cuerpo se tensan)

- Impaciencia: Dificultad para tolerar los procesos de la pareja o las diferencias.
- Sensación de opresión: Peso emocional que limita la expresión o la calma.
- Agotamiento: Cansancio extremo físico, emocional o mental.
- Abrumamiento: Sensación de sobrecarga emocional que impide pensar con claridad.

- Agobio: Presión interna intensa, muchas veces con sensación de no poder más.
- Hipervigilancia: Estado de alerta constante, esperando el próximo conflicto.
- Estrés: Respuesta ante demandas excesivas, sin pausa emocional.
- Desesperación: Sensación de pérdida de dirección o salida posible.

Alta intensidad negativa

- Miedo: Emoción básica ante una amenaza real o imaginada en la relación.
- Espanto: Reacción intensa ante algo que causa temor repentino o trauma relacional.
- Angustia: Tensión profunda con sensación de ahogo emocional.
- Ansiedad: Estado de inquietud intensa y persistente frente a lo incierto; suele llevar a la evasión, la sobre-reacción o al cierre emocional.

Aplicación en pareja

Este termómetro no sólo sirve para saber cómo estás tú sino también para entender al otro. Cuando tu pareja te diga "estoy agobiada" no es lo mismo que "estoy nerviosa". Cada palabra revela un nivel distinto de malestar. Nombrar con precisión es el primer paso para actuar con responsabilidad emocional.

Ejercicio breve

Al final del día, pregúntate (y si puedes, pregúntale a tu pareja):

¿Dónde estoy hoy en el termómetro Paz–Ansiedad?

¿Qué necesito para subir uno o dos niveles hacia la calma?

4.5.2 Termómetro 2: Amor ↔ Desamor

Del vínculo nutritivo al dolor emocional

Amar no siempre significa estar bien, en la vida de pareja el amor puede transformarse, tensarse e incluso doler. Este termómetro ayuda a reconocer el estado emocional vinculado al afecto y va desde la plenitud hasta la desconexión afectiva más profunda.

Alta intensidad positiva

- Amor: Vínculo afectivo profundo que da sentido, pertenencia y sostenimiento mutuo.
- Enamoramiento: Estado emocional expansivo que suele darse en las primeras etapas de la relación.
- Ilusión: Esperanza activa en lo que se construye con el otro.
- Enternecimiento: Emoción suave que despierta cuidado, ternura y cercanía.
- Generosidad: Deseo de dar sin esperar nada a cambio.
- Empatía: Capacidad de comprender y resonar con las emociones de la pareja.

- Bondad: Actitud interna que busca el bien del otro.
- Amabilidad: Expresión visible del afecto cotidiano.

Frontera emocional (ambigua o baja intensidad)

- Interés: Curiosidad o atracción emocional inicial o intermitente.
- Reconocimiento: Validación del otro y su aporte a la relación.
- Admiración: Respeto profundo que enriquece el vínculo.
- Agradecimiento: Emoción que surge al reconocer gestos, tiempo o presencia.
- Respeto: Base afectiva de toda relación sana.
- Desinterés: Primer signo de desconexión afectiva; aparece como silencio o apatía.

Inicio de valencia negativa

- Fastidio: Ligero rechazo ante actitudes o situaciones repetitivas.
- Confusión: Falta de claridad emocional o relacional.
- Desconcierto: Sorpresa desagradable sin una explicación inmediata.
- Desaprobación: Juicio negativo hacia actitudes del otro.

Intensidad negativa creciente

- Engaño: Sensación de haber sido traicionado o manipulado.
- Desilusión: Dolor por una expectativa afectiva no cumplida.
- Desvalorización: Sentir que el otro disminuye o ignora nuestro valor.
- Decepción: Ruptura interna de la confianza.

Alta intensidad negativa

- Envidia: Deseo doloroso por lo que el otro recibe incluso dentro del vínculo.
- Indiferencia: Ausencia total de afecto o interés puede ser emocionalmente letal.
- Rencor: Dolor acumulado que no ha sido sanado ni expresado.
- Desamor: Pérdida o ausencia del sentimiento amoroso en la relación.

Aplicación en pareja

En el amor también se manifiestan emociones de valencia negativa. Reconocerlas no significa que el amor se haya acabado, sino que algo necesita ser mirado con urgencia. A veces, lo que llamamos *desamor* es sólo dolor no hablado.

Ejercicio breve

Pueden hacer este ejercicio como pareja:

- ¿En qué nivel de este termómetro me encuentro hoy contigo?
- ¿Qué necesitaría para moverme un punto hacia el amor?

4.5.3 Termómetro 3: Felicidad ↔ Rabia

De la plenitud compartida al fuego emocional no resuelto

Una relación de pareja sana debería ser un espacio donde podamos experimentar alegría, entusiasmo, realización pero también es el lugar donde a veces, aparece con más fuerza el enojo, la irritación o incluso la furia.

Alta intensidad positiva

- Felicidad: Estado emocional pleno y duradero de bienestar, alegría de estar juntos.
- Júbilo: Explosión de alegría intensa; entusiasmo por compartir algo bueno.
- Entusiasmo: Energía emocional enfocada en un proyecto o vivencia compartida.
- Alegría: Emoción espontánea ante momentos gratos con la pareja.
- Optimismo: Confianza en el futuro de la relación incluso en los desafíos.
- Positividad: Actitud emocional abierta y esperanzada.
- Realización: Satisfacción por construir juntos un proyecto de vida.
- Éxito: Logro personal o de pareja que refuerza el vínculo.
- Satisfacción: Sentir que lo que somos y hacemos juntos tiene valor.

- Orgullo: Reconocimiento del valor propio y del otro en la relación.
- Frontera emocional (ambivalencia)
- Apreciación: Valoración emocional de los momentos cotidianos.
- Aceptación: Reconocimiento de la realidad sin resistencias.
- Arrepentimiento: Dolor emocional por algo dicho o hecho.
- Incomodidad: Malestar leve que no necesariamente se expresa.
- Disgusto: Rechazo ante alguna actitud o comentario del otro.

Inicio de valencia negativa

- Inconformidad: Malestar persistente ante situaciones no resueltas.
- Evasión: Huir de lo que incomoda, en lugar de abordarlo.
- Indignación: Reacción emocional intensa ante lo que se percibe como injusto.
- Impotencia: Sensación de no poder actuar frente a una situación dolorosa.
- Pesimismo: Mirada negativa sobre el presente o futuro del vínculo.
- Resentimiento: Dolor acumulado por heridas no sanadas.

Intensidad negativa creciente

- Enfado: Irritación inmediata a veces, sin filtro.
- Enojo: Emoción ante la injusticia o la frustración.
- Molestia: Irritación leve pero constante.
- Irritación: Respuesta emocional a estímulos repetitivos.

- Hostilidad: Actitud defensiva o de oposición activa hacia el otro.
- Encabronamiento: Furia desatada tras una acumulación emocional.
- Repugnancia: Rechazo visceral ante una situación o actitud intolerable.
- Agresividad: Tendencia a atacar verbal o emocionalmente.

Alta intensidad negativa

- Furia: Rabia intensa muchas veces incontrolada.
- Cólera: Ira desbordada con riesgo de daño.
- Iracundia: Estallido emocional frecuente ante cualquier contratiempo.
- Rabia: Mezcla intensa de enojo y frustración acumulada, a menudo, con dolor.

Aplicación en pareja

Reconocer que la rabia no siempre es señal de ruptura puede ser liberador. Muchas veces, es sólo un grito mal dicho que esconde una necesidad no atendida. Lo dañino no es sentir enojo sino no saber qué hacer con él.

Ejercicio breve

Haz este ejercicio solo o en pareja:

- ¿Estoy enojado o estoy triste debajo de mi rabia?
- ¿Puedo nombrar la razón de mi molestia antes de que se vuelva agresión?

4.5.4 Termómetro 4: Logro ↔ Pérdida

De la plenitud por avanzar juntos al vacío que duele en silencio

En toda relación existe una tensión constante entre lo que se gana y lo que se pierde. Estar en pareja implica: logros compartidos; metas alcanzadas; proyectos realizados; momentos de orgullo mutuo pero también conlleva pérdidas, es decir, ilusiones que no se cumplieron; versiones de uno mismo que se dejaron atrás; etapas que se terminaron.

Alta intensidad positiva

- Logro: Sensación de haber alcanzado una meta conjunta o personal significativa.
- Éxtasis: Estado de gozo emocional desbordante, euforia por el éxito compartido.
- Motivación: Impulso interno para avanzar y construir con sentido.
- Ambición: Deseo sano de crecimiento y mejora.

- Valentía: Enfrentar juntos los miedos o desafíos con decisión.
- Firmeza: Seguridad en lo que se hace y se elige incluso en tiempos difíciles.
- Diversión: Capacidad de disfrutar el momento sin exigencia.
- Contento: Satisfacción constante aunque discreta.
- Placer: Disfrute sensorial o emocional que fortalece la intimidad.
- Asombro: Admiración compartida ante lo inesperado o bello.

Frontera emocional (ambivalente o baja energía)

- Soledad: Aislamiento emocional, deseado o no, que puede surgir incluso mientras se está en pareja.
- Cansancio: Fatiga física o emocional por las exigencias del día a día.
- Debilidad: Sensación de no tener fuerzas, física o anímicamente.
- Desmotivación: Pérdida del impulso para seguir construyendo.
- Pereza: Falta de voluntad que a veces esconde saturación emocional.
- Inicio de valencia negativa
- Pena: Tristeza suave ante algo que duele sin desbordar.
- Nostalgia: Recuerdo afectuoso de algo que fue y ya no es.
- Añoranza: Deseo de revivir momentos que se han ido.
- Melancolía: Tristeza reflexiva sin causa inmediata, que a veces envuelve.
- Tristeza: Estado emocional por pérdida, decepción o desconexión.

Intensidad negativa creciente

- Aflicción: Dolor profundo ante una pérdida significativa.
- Abatimiento: Desánimo que paraliza, que puede afectar la comunicación.
- Desánimo: Falta de motivación y entusiasmo en la relación.
- Desconsuelo: Ausencia de alivio ante el dolor. Sufrir sin red afectiva.
- Máxima intensidad negativa
- Fracaso: Sentir que lo intentado en la relación no funcionó.
- Depresión: Estado emocional profundo de pérdida de energía, propósito o conexión.
- Pérdida: Vacío emocional por la ausencia de algo o alguien importante, incluso dentro del vínculo.

Aplicación en pareja

Muchas veces en terapia escucho a personas decir: "No sé por qué me siento así si no ha pasado nada". Y lo que ha pasado, en realidad, es que hay una pérdida no reconocida: una etapa que terminó; un sueño que ya no está; un cambio que no se habló. Nombrar esas pérdidas es darles dignidad y permitir que el otro acompañe.

Ejercicio breve

- Hazte estas preguntas o compártelas con tu pareja:
- ¿Qué hemos ganado en este tiempo juntos?
- ¿Qué hemos perdido y no hemos hablado?
- ¿Qué necesitamos soltar para poder construir de nuevo?

4.6 Nombrar es el primer acto de responsabilidad emocional

Nombrar una emoción es darle existencia. No se puede transformar lo que no se nombra, no se puede sanar lo que no se siente y no se puede dialogar con quien no sabe lo que le pasa. Mientras una emoción no encuentra palabras, permanece como un malestar difuso que suele expresarse en el cuerpo o en conductas reactivas por ejemplo cuando decimos: "estoy enojado", "me siento triste" o "me da miedo", hacemos consciente lo que antes estaba oculto y damos un primer paso hacia la gestión. Nombrar no significa quedarse atrapado en la emoción sino reconocerla para poder trabajar en ella; es un acto de honestidad con uno mismo y de apertura hacia el otro.

En la práctica terapéutica y en la vida de pareja, etiquetar las emociones evita que éstas se traduzcan en reproches, silencios hostiles o explosiones desproporcionadas. Poner nombre a lo que sentimos es reconocer nuestra humanidad y asumir nuestra responsabilidad afectiva porque sólo cuando la emoción tiene palabra puede convertirse en un mensaje que guía y no en una carga que hiere.

Los termómetros EMORES®. no son un diagnóstico son una brújula: nos ayudan a situarnos y a abrir el diálogo en lugar de cerrarlo.

4.7 El modelo C.R.E.O.® aplicado a la gestión emocional

Las emociones no son enemigas de la relación. Lo que deteriora el vínculo no es sentir, sino reaccionar sin conciencia.

C.R.E.O.® significa Centrar, Reflexionar, Elegir y Operar.

- Centrar: detenerse, respirar, volver a uno mismo.
- Reflexionar: nombrar lo que siento e indagar qué hay detrás.
- Elegir: decidir cómo actuar de forma consciente y amorosa.
- Operar: dar un paso congruente, aunque sea pequeño, para cuidar el vínculo.

Etapa	Acción principal	Preguntas clave
Centrar	Detente. Respira. Vuelve a ti.	¿Qué me está pasando? ¿Dónde lo siento? ¿Necesito una pausa?
Reflexionar	Nombra lo que sientes. Indaga su origen.	¿Qué emoción predomina? ¿Qué hay debajo? ¿Qué necesidad tengo?
Elegir	Decide conscientemente cómo actuar.	¿Cómo quiero comunicarme? ¿Qué opción es más amorosa y clara?
Operar	Da un paso. Exprésalo con respeto.	¿Qué haré con esto que siento? ¿Cómo puedo cuidar el vínculo?

Usar C.R.E.O.® es pasar del impulso a la conciencia y de la conciencia a la acción amorosa.

C.R.E.O.® en pareja

Este método puede ser usado de manera individual o conjunta. Algunas parejas aprenden a decirse:

1. Estoy en la fase de centrarme, dame un momento.
2. Quiero reflexionar para no hablar desde el enojo.
3. Elegí hablarlo contigo porque me importas.
4. Mi forma de operar ahora será hacer silencio, pero no es indiferencia, es respeto.

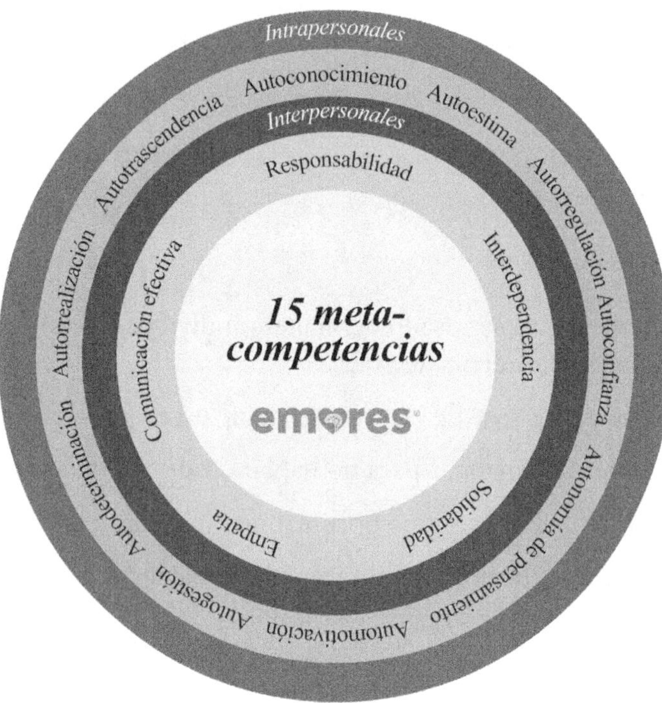
Intrapersonales
Autoconocimiento
Autoestima
Autorregulación
Autoconfianza
Autonomía de pensamiento
Automotivación
Autogestión
Autodeterminación
Autorrealización
Autotrascendencia
Interpersonales
Responsabilidad
Interdependencia
Solidaridad
Empatía
Comunicación efectiva
15 meta-
competencias
emores

4.8 La escena final. Gestión y resolución del conflicto de Melba y Tomás

Han pasado un par de horas desde la discusión. Tomás, está en la cocina lavando los platos en silencio. Melba, se ha encerrado un rato en la recámara para calmarse. Ninguno quiere terminar el viernes así ambos lo saben.

Melba, respira hondo y camina hacia él.

—Tomás —dice con voz serena— estoy en la fase de centrarme, no quiero hablar desde la herida.

Tomás, deja de enjuagar un plato hace también una pausa y responde:

—Gracias por decírmelo yo también estoy reflexionando, me dolió tu reacción pero entiendo que venías cargada.

—Lo que siento ahora —continúa ella— es que me sobrepasó el enojo, detrás de ese grito hay cansancio y ganas de que esto funcione mejor.

—Yo elegí responderte con reproche porque me sentí injustamente culpado pero no era la mejor forma —dice Tomás.

—Entonces, ¿te parece que operemos distinto esta vez?

Se abrazan. No es un abrazo perfecto ni es el final de una película pero sí es el inicio de una conversación nueva.

La gestión emocional en pareja no elimina los conflictos pero transforma la manera en que los atravesamos. El verdadero acto de amor no es evitar sentir sino aprender a nombrar, sostener y compartir nuestras emociones sin dañarnos.

Capítulo 5.
Diversidad relacional y dinámicas de pareja

Escuchar sin juzgar, acompañar sin imponer:

5.1 Un recorrido por las múltiples formas de amar en el mundo contemporáneo.

Durante siglos las relaciones de pareja se han presentado bajo modelos normativos que prometen estabilidad, pertenencia y sentido. Uno de los más difundidos ha sido el ideal de la pareja monógama, heterosexual, con fines reproductivos y sostenida por el vínculo matrimonial, sin embargo, este modelo no sólo no representa a todas las formas de amar y vincularse sino que, en muchos casos, ha generado culpa, ocultamiento o exclusión de otras realidades relacionales igualmente válidas y humanas.

La diversidad relacional no es una moda ni una amenaza al orden social sino una expresión de la pluralidad con la que el ser humano se organiza para amar; construir intimidad; compartir vida; gestionar sus deseos y necesidades. En este capítulo exploraremos algunas de las formas más comunes de relación de pareja desde una mirada respetuosa, descriptiva y sin juicio. Más allá de clasificarlas, se pretende comprender cómo se constituyen, qué privilegian, qué desafíos conllevan y qué necesitan para sostenerse de forma emocionalmente responsable.

5.2 Vidas no relacionales romántica y sexualmente

Clave terapéutica: El reto terapéutico principal es diferenciar entre elección auténtica y defensa frente a heridas pasadas.

5.2.1 Breve contexto:

Existen personas que no desean establecer relaciones afectivas, sexuales o de convivencia. Esta decisión puede estar motivada por factores diversos: convicción personal; identidad asexual o arromántica; enfermedades; necesidades psicológicas; contextos familiares o experiencias previas. En una cultura centrada en el amor de pareja como ideal, estas formas de vida suelen ser incomprendidas o patologizadas injustamente.

5.2.2 Constitución:

Personas que por elección consciente o condiciones subjetivas no buscan relaciones románticas, sexuales ni convivenciales pueden experimentar una vida rica en amistades, vínculos familiares o solitud plena.

5.2.3 Privilegia:

- Autonomía personal
- Espacios de silencio, contemplación o creatividad
- Vinculación no convencional (con animales, arte, espiritualidad, etc.)

5.2.4 Desafíos:

- Estigma social o familiar
- Incomprensión o presiones externas para vincularse
- Confusión interna cuando no se reconoce como una opción legítima

5.2.5 Necesita:

- Validación y visibilidad
- Lenguajes que reconozcan otras formas de estar en el mundo
- Respeto por el ritmo y deseo personal

5.2.6 Preguntas clave:

- ¿Es una elección genuina o una reacción ante heridas no resueltas?
- ¿Qué parte de sí se siente en paz al no vincularse?
- ¿Qué formas de amor (no romántico) sostienen y enriquecen su vida?

5.2.7 Ejemplos clínicos:

Caso Fabricio

Fabricio: hombre profesionista, vive con su madre; no experimenta atracción por hombres ni mujeres; disfruta de su trabajo; del cine y su rutina solitaria. No desea una pareja y se siente más libre sin compromisos.

- ¿Qué significa para él vivir sin una relación de pareja?
- ¿Desde cuándo empezó a percibir que no sentía atracción hacia otros?
- ¿Existe alguna narrativa personal o familiar sobre lo que "debería" sentir?
- ¿Cómo experimenta el placer, la intimidad y el sentido de pertenencia?
- ¿Ha explorado su soledad como una elección auténtica o como una defensa?

Caso Carmen

Carmen: mujer de mediana edad que ha preferido siempre la compañía de los libros; los paseos en solitario y el silencio. Cuando ha intentado relacionarse se siente invadida. Nunca se ha sentido triste por su soltería prolongada.

- ¿Qué ha aprendido sobre el amor y las relaciones en su historia familiar?
- ¿Cuál es su experiencia corporal cuando alguien intenta acercarse afectivamente?
- ¿Se permite desear compañía o ha excluido esa posibilidad por protección?
- ¿Qué significaría para ella "renunciar" a la soltería?
- ¿Qué partes de sí florecen en la soledad, y cuáles duelen?

Caso Arturo

Arturo: hombre joven quien desea profundamente tener una relación de pareja, sí se ha sentido triste por su soltería prolongada y ha llegado a pensar que algo en él no es suficiente para ser elegido, su estatura, su físico e incluso su forma de hablar. Aunque busca una relación con autenticidad, su historia no responde a una elección consciente de la soledad sino a una experiencia de exclusión relacional que le duele. Su caso no encaja en esta categoría pero lo incluimos aquí para visibilizar que también existen quienes desean amar y no encuentran reciprocidad. Merecen acompañamiento, escucha y recursos que fortalezcan su autoestima, autoconcepto y coherencia en el mensaje relacional que emiten.

- ¿Qué cree que otros ven en él? ¿Qué cree que no ven?
- ¿Qué historias relacionales ha tenido y cómo se repiten sus desenlaces?
- ¿Hay mensajes internos que desvalorizan su deseo de pareja?
- ¿Está haciendo algo (consciente o no) que podría estar alejando el amor?
- ¿Qué vínculo existe entre autoestima y ser elegido?

Caso Diana

Diana: es una mujer profesionista, sensible y reflexiva. A lo largo del tiempo ha tenido encuentros íntimos con hombres a quienes elige —aunque quizás de manera inconsciente— únicamente para relaciones sin compromiso. Parece que ellos también la eligen en los mismos términos. Aunque ella desea profundamente una relación de pareja estable y afectiva, se ha encontrado una y otra vez con vínculos donde sólo se le ofrece una conexión superficial.

En su búsqueda de respuestas, ha explorado incluso marcos como la **psicología sistémica transpersonal**, preguntándose si está repitiendo patrones ancestrales o sosteniendo algún lugar simbólico dentro de su sistema familiar. Se interroga: ¿Estaré representando inconscientemente a mujeres de mi linaje que fueron maltratadas o invisibilizadas?

Más allá de cualquier explicación teórica, su vivencia refleja una **necesidad legítima de ser amada desde el reconocimiento, la reciprocidad y la dignidad emocional.** Lo que busca no es sólo afecto sino un vínculo que la mire con ternura adulta que honre su deseo de amar sin tener que mendigar presencia.

- ¿Qué parte de ella siente que no merece ser amada de forma comprometida?
- ¿Qué tipo de hombres atrae y qué tipo busca conscientemente?
- ¿Qué creencias ha heredado sobre el amor, el deseo y el sacrificio?
- ¿Qué lugar simbólico cree estar ocupando dentro de su sistema familiar?
- ¿Está lista para poner límites y dejar de repetir la historia?
- Estas historias reflejan que no todas las personas están destinadas —ni desean— vivir en pareja y que esa también es una forma válida de existencia.

5.3 Tipos de relaciones

5.3.1 Relaciones heterosexuales

Clave terapéutica: El trabajo terapéutico suele centrarse en revisar mandatos de género y negociar acuerdos equitativos.

Breve contexto:

Las relaciones entre personas de sexos opuestos han sido el modelo predominante en la mayoría de las culturas especialmente en Occidente, debido a su asociación con la reproducción, el matrimonio y la estructura tradicional de familia sin embargo, los cambios sociales de las últimas décadas han cuestionado sus roles rígidos y han abierto paso a nuevas formas de vivir lo heterosexual desde la equidad y la diversidad.

Constitución:

Vínculo afectivo y/o sexual entre personas de sexos opuestos. Puede incluir distintos niveles de compromiso (noviazgo, convivencia, matrimonio, etc.).

Privilegia (tradicionalmente):

- Complementariedad de roles
- Proyecto familiar
- Estabilidad relacional

Desafíos contemporáneos:

- Romper con estereotipos de género
- Redistribuir responsabilidades afectivas y domésticas
- Sostener el deseo en relaciones largas

Necesita:

- Comunicación igualitaria
- Deconstrucción de mandatos
- Acuerdos renovables

Preguntas clave:

- ¿Qué mandatos están repitiendo sin cuestionar?
- ¿Cómo negocian lo justo y lo equitativo?
- ¿Qué les hace sentir libres dentro del vínculo?

Tras revisar las dinámicas de las relaciones heterosexuales, resulta indispensable observar cómo las relaciones homosexuales, aunque históricamente presentes, han atravesado otros desafíos culturales.

5.3.2 Relaciones homosexuales

Clave terapéutica: Acompañar implica ofrecer espacios seguros donde el vínculo pueda vivirse sin ocultamiento ni culpa.

Breve contexto:

Las relaciones entre personas del mismo sexo han existido a lo largo de la historia, aunque su aceptación social ha variado según la época y la cultura. En palabras de Michel Foucault (1978) "la homosexualidad no siempre ha sido un problema de identidad, sino una práctica inscrita en ciertos contextos de poder y discurso".

Constitución:

Vínculo afectivo y/o sexual entre dos personas del mismo sexo, con fines de compañía, intimidad o proyecto de vida compartido que puede o no, derivar en una estructura familiar.

Privilegia:

- Afectividad igualitaria
- Reconocimiento mutuo
- Empatía por vivencias compartidas

Desafíos:

- Discriminación social o familiar
- Invisibilización cultural
- Cargas emocionales por salidas del clóset no resueltas

Necesita:

- Espacios seguros
- Validación del vínculo
- Autenticidad afectiva

Preguntas clave:

- ¿Qué los une más allá de la afinidad sexual?
- ¿Qué apoyos externos e internos necesita esta relación para florecer?
- ¿Cómo cuidan el vínculo frente al contexto sociocultural?

5.3.3 Relaciones monógamas

Clave terapéutica: El desafío terapéutico es renovar acuerdos y sostener el deseo sin caer en control o rutina.

Breve contexto:

La monogamia, como práctica social, se estructura con el surgimiento de las sociedades agrícolas (aproximadamente 10,000 a.C.) y se consolida en Occidente a través del cristianismo y el Derecho Romano; en el siglo XIX se refuerza como ideal romántico de exclusividad y permanencia (Coontz, 2005).

Constitución:

Relación afectiva y/o sexual entre dos personas que acuerdan exclusividad mutua. Puede estar formalizada legal o simbólicamente (noviazgo, matrimonio, unión libre).

Privilegia:

- Estabilidad emocional
- Sentido de pertenencia
- Exclusividad afectiva y sexual

Desafíos:

- Monotonía o pérdida de deseo
- Infidelidad cuando no hay revisión de acuerdos
- Confundir amor con control o posesión

Necesita:

- Comunicación continua
- Renovación consciente de los acuerdos
- Espacio individual dentro del vínculo

Preguntas clave:

- ¿Qué los une además del compromiso?
- ¿Cómo cuidan la vitalidad del vínculo?
- ¿Qué señales indican que su modelo necesita ajustarse?

5.3.4 Relaciones no monógamas

Clave terapéutica: El foco terapéutico es fortalecer la comunicación y la autorregulación emocional para sostener la complejidad de acuerdos múltiples.

Breve contexto:

Las formas de no monogamia consensuada han existido desde tiempos antiguos en diversas culturas. En la actualidad, resurgen desde marcos éticos, filosóficos y relacionales que cuestionan la exclusividad como único camino amoroso. Elisabeth Sheff (2014) plantea que "el poliamor no es caos relacional, sino una estructura emocional alternativa".

Constitución:

Las relaciones afectivas y/o sexuales donde no se exige exclusividad se sostienen mediante acuerdos explícitos, consentimiento informado y comunicación abierta.

Subtipos comunes:

- **Poliamor:** múltiples vínculos afectivos y sexuales con transparencia.

- **Relación abierta:** vínculo principal con apertura a terceros.
- **Swingers:** intercambio sexual entre parejas sin implicación afectiva.
- **Multirelaciones:** vínculos paralelos estables, a veces con convivencia o familias múltiples.

Privilegia:

- Autonomía personal
- Honestidad emocional
- Diversidad vincular

Desafíos:

- Gestión de celos y expectativas
- Complejidad logística y emocional
- Estigma cultural o familiar

Necesita:

- Acuerdos claros y revisables
- Alta responsabilidad afectiva
- Apoyo mutuo y habilidades de autorregulación

Preguntas clave:

- ¿Qué acuerdos los sostienen y cuáles deben actualizarse?
- ¿Existe equidad emocional entre los vínculos?
- ¿Qué los hace sentir seguros y cuidados en esta configuración?

5.3.5 Relaciones homoparentales

Clave terapéutica: La terapia ayuda a consolidar la identidad familiar frente a cuestionamientos externos e institucionales.

Breve contexto:

Aunque en la Antigua Grecia y Roma existieron vínculos afectivos entre personas del mismo sexo, no se estructuraban como núcleos familiares. El concepto de homoparentalidad emerge con fuerza a finales del siglo XX como resultado de los avances en derechos civiles, adopciones legales y técnicas de reproducción asistida.

Constitución:

Relación afectiva entre dos personas del mismo sexo que comparten un proyecto de crianza conjunta por adopción, reproducción asistida o hijos de relaciones previas.

Privilegia:

- Parentalidad basada en el cuidado, no en el género
- Flexibilidad en los roles familiares
- Inclusión y visibilidad

Desafíos:

- Discriminación institucional o cultural
- Invisibilidad en políticas públicas o escuelas
- Carga emocional frente a cuestionamientos externos

Necesita:

- Marco legal inclusivo
- Red de apoyo comunitario
- Diálogo constante sobre el ejercicio de la crianza

Preguntas clave:

- ¿Qué imagen de familia desean construir?
- ¿Cómo se distribuyen los roles parentales y afectivos?
- ¿Qué necesitan para sentirse sostenidos como sistema familiar?

5.3.6 Relaciones afectivo-sexuales

Clave terapéutica: El reto clínico es alinear expectativas y cuidar la integridad emocional sin desestimar su legitimidad.

Breve contexto:

Estas relaciones existen en todos los contextos culturales, pero han cobrado mayor visibilidad en sociedades donde se promueve la libertad sexual y el consentimiento mutuo como ejes del vínculo. No siempre buscan compromiso a largo plazo, pero pueden ser emocionalmente significativas.

Constitución:

Relación basada en la atracción sexual y, en algunos casos, en un vínculo afectivo puntual o superficial. No necesariamente existe un proyecto de vida en común.

Privilegia:

- Placer compartido
- Autenticidad del deseo
- Espontaneidad relacional

Desafíos:

- Desbalance en las expectativas
- Apegos no correspondidos
- Juicios sociales que estigmatizan estas formas de vínculo

Necesita:

- Claridad en los acuerdos
- Comunicación directa y sin ambigüedades
- Respeto por los límites del otro

Preguntas clave:

- ¿Ambas personas están en la misma página respecto a lo que desean?
- ¿Qué límites se han establecido para cuidar la integridad emocional?
- ¿Cómo se gestiona si uno de los dos deseara una evolución del vínculo?

5.3.7 Relaciones afectivo-dependientes

Clave terapéutica: La tarea terapéutica es trabajar la autonomía emocional y devolver a cada miembro su propio espacio vital.

Breve contexto:

Aunque puede surgir del amor, muchas veces se sostiene por miedo a la soledad o por carencias no resueltas. Es común en personas con historias de apego inseguro.

Constitución:

Relación donde ambos miembros dependen emocionalmente el uno del otro. Les cuesta tener espacios personales, amistades externas o proyectos individuales.

Privilegia (aparentemente):

- Compañía constante
- Fusión emocional
- Sentido de pertenencia total

Desafíos:

- Monotonía y dificultad para innovar en la relación
- Ansiedad ante la distancia o autonomía del otro
- Confusión entre amor y necesidad

Necesita:

- Fortalecimiento de la identidad individual
- Recuperar la autonomía emocional
- Espacios de terapia personal y conjunta

Preguntas clave:

- ¿Pueden disfrutar sin ansiedad estando separados?
- ¿Qué parte de ustedes queda sin explorar por miedo a incomodar al otro?
- ¿Eligen seguir juntos desde el deseo o desde el miedo?

5.3.8 Relaciones afectivo-codependientes

Clave terapéutica: El acompañamiento se enfoca en diferenciar entre cuidar y rescatar y en restaurar la identidad individual.

Breve contexto:

La codependencia surge cuando una persona centra su bienestar en el otro mientras sacrifica sus propias necesidades. Es común en vínculos marcados por traumas, adicciones o historias familiares con dinámicas disfuncionales, se sostiene desde el rescate o la sobreprotección emocional.

Constitución:

Relación donde un miembro asume el rol de cuidador (rescatador) y el otro el de necesitado. Uno sobre-funciona mientras el otro infra-funciona, se vinculan más desde la necesidad que desde la libertad o el deseo.

Privilegia (inconscientemente):

- Seguridad aparente
- Mantenimiento del vínculo a toda costa
- Control o dependencia emocional

Desafíos:

- Desgaste emocional y físico
- Desequilibrio al dar y recibir
- Confusión entre ayuda, sacrificio y amor

Necesita:

- Trabajo terapéutico individual y en pareja
- Establecimiento de límites saludables
- Reconexión con la propia identidad

Preguntas clave:

- ¿Desde dónde están sosteniendo este vínculo: desde el miedo o desde el amor?
- ¿Qué pasaría si cada uno se hiciera responsable de su propia vida?
- ¿Qué partes de sí mismos están dejando de lado por mantener esta dinámica?

5.3.9 Relaciones interdependientes

Clave terapéutica: El trabajo terapéutico es sostener el equilibrio entre libertad y compromiso, evitando la desvinculación emocional.

Breve contexto:

La interdependencia es una forma de vínculo afectivo donde **dos personas se relacionan desde la autonomía emocional;** el respeto mutuo y acuerdos que no sacrifican la individualidad. A diferencia de la dependencia o la codependencia, aquí existe **una conciencia plena del "yo" y del "tú", para construir un "nosotros" sin disolverse en el otro**. En contextos contemporáneos, muchas parejas eligen esta forma de vincularse como un acto de responsabilidad emocional.

Constitución:

Relación donde ambos miembros mantienen un fuerte sentido de individualidad y libertad personal, integrando proyectos propios con el cuidado del vínculo; pueden o no convivir lo central es la **congruencia en los acuerdos** y el respeto por el espacio personal.

Privilegia:

- Libertad y autorregulación
- Responsabilidad compartida
- Respeto por los tiempos y procesos individuales

Desafíos:

- Negociación constante de los acuerdos
- Riesgo de desvinculación emocional si no se cuida el contacto
- Posible incomprensión social del modelo

Necesita:

- Comunicación clara y sincera
- Acompañamiento mutuo sin control
- Revisión periódica del vínculo y sus pactos

Preguntas clave:

¿Qué acuerdos los sostienen y los cuidan?

¿Cómo equilibran el "yo", el "tú" y el "nosotros"?

¿Qué fortalezas les ha dado esta forma de estar juntos?

5.3.10 Relaciones a distancia (virtuales)

Clave terapéutica: El foco terapéutico es validar la conexión sin negar los retos de la ausencia física y revisar la viabilidad a largo plazo.

Breve contexto:

Este tipo de relaciones ha aumentado con la globalización digital. Algunas se originan en redes sociales o plataformas de citas, otras se dan por mudanzas, estudios o trabajo. Algunas parejas **eligen** sostener el vínculo desde la virtualidad, otras lo **transitan** mientras planean encontrarse físicamente.

Constitución:

Relación afectiva y/o sexual mantenida principalmente por medios digitales: videollamadas, mensajes, plataformas en línea, pueden incluir momentos de contacto físico eventual o mantenerse totalmente en línea.

Privilegia:

- Idealización y proyección emocional
- Constancia comunicativa
- Imaginación afectiva

Desafíos:

- Falta de contacto físico y corporalidad
- Malentendidos o conflictos no resueltos en tiempo real
- Dificultad para evaluar la compatibilidad real

En algunos casos, **la relación se sostiene justamente por la no presencia física**. Existen parejas que, al intentar pasar a un plano más presencial o cotidiano, **colapsan emocionalmente**. Este fenómeno puede darse por múltiples causas incluyendo condiciones del espectro autista o desafíos vinculares no necesariamente clínicos pero sí profundos.

Necesita:

- Claridad de expectativas y objetivos del vínculo
- Espacios rituales digitales de conexión emocional
- Revisión periódica de la viabilidad de la relación

Preguntas clave:

- ¿Qué les une más allá de la pantalla?
- ¿Qué tan realista es la imagen que tienen del otro?
- ¿Qué desean construir y cómo lo piensan sostener?

5.3.11 Relaciones free

Clave terapéutica: El desafío terapéutico es cuidar la honestidad y los límites cuando las emociones evolucionan más allá del acuerdo inicial.

Breve contexto:

Estas relaciones se enmarcan en acuerdos donde no hay compromiso afectivo ni exclusividad. Son comunes entre personas que priorizan la autonomía o que están en etapas donde no desean vínculos estables. Se les conoce también como "amigos con derechos" o "relaciones casuales".

Constitución:

Relación con encuentros esporádicos de tipo sexual y/o afectivo sin un compromiso formal, ni exclusividad ni proyección a largo plazo.

Privilegia:

Libertad individual

Placer sin compromiso

Baja exigencia emocional

Desafíos:

- Desbalance de expectativas
- Riesgo de apegos no deseados
- Dificultad para establecer límites claros

Necesita:

- Honestidad desde el inicio
- Comunicación constante sobre deseos y límites
- Revisión de acuerdos si las emociones cambian

Preguntas clave:

- ¿Ambas personas están en el mismo canal emocional?
- ¿Qué pasaría si uno de los dos empieza a sentir algo más?
- ¿Qué límites deben mantenerse para cuidar la relación y a sí mismos?

5.3.12 Relaciones Multirelacionales (este término lo uso de forma amplia, para diferenciarlo del poliamor y otras no monogamias ya descritas)

Clave terapéutica: La terapia acompaña en la gestión del tiempo, los celos y la claridad emocional en vínculos simultáneos.

Breve contexto:

A lo largo de la historia han existido formas de convivencia donde una persona está vinculada a más de una pareja de manera simultánea, como en la poliginia (un hombre con varias esposas) o la poliandria (una mujer con varios esposos), practicadas en ciertas culturas con sentido espiritual, social o económico.

En el contexto contemporáneo, las multirelaciones no responden a mandatos religiosos o sociales, sino que emergen como elecciones conscientes y consensuadas, donde uno o ambos miembros de una relación establecen vínculos paralelos afectivos, sexuales o incluso familiares, de manera simultánea y con acuerdos abiertos. Cada relación tiene su dinámica y pueden o no, convivir bajo un mismo techo.

Constitución:

Relaciones simultáneas donde hay presencia emocional activa en más de un vínculo, a veces bajo acuerdos explícitos, otras desde modelos familiares no tradicionales. Puede haber una pareja "principal" y otras secundarias o múltiples vínculos, con igual jerarquía emocional.

Privilegia:

- Honestidad emocional y comunicación abierta
- Diversidad de experiencias afectivas y vínculos no excluyentes
- Respeto por la autonomía de cada miembro

Desafíos:

- Gestión emocional del tiempo, la atención y los celos
- Complejidad en la toma de decisiones familiares o de crianza
- Incomprensión social y legal

Necesita:

- Acuerdos revisables y adaptativos
- Mucha claridad emocional y verbal
- Espacios terapéuticos que no patologicen la elección

Preguntas clave:

- ¿Cómo distribuyen emocional y logísticamente sus tiempos y afectos?
- ¿Qué acuerdos los sostienen y cuáles se están tensionando?

- ¿Qué pasa si uno de los vínculos desea salir del esquema?
- ¿Cómo manejan la validación o visibilización de sus vínculos ante otros?
- ¿Qué ocurre si uno de los miembros quiere regresar a una forma monogámica?

5.3.13 Relaciones emergentes

Clave terapéutica: El trabajo terapéutico consiste en explorar qué necesidad está siendo satisfecha y prevenir que se sustituya el contacto humano de manera nociva.

Breve contexto:

Las relaciones emergentes, como las que se establecen con inteligencias artificiales, avatares o entornos digitales personalizados son cada vez más comunes en una era tecnosexuada. Aunque éstas aún están en proceso de definición cultural, reflejan nuevas formas de vinculación donde el afecto se proyecta más allá del cuerpo humano.

Constitución:

Vínculo afectivo o erótico con agentes no humanos (IA, bots, realidades virtuales) puede incluir relaciones emocionales; interacciones sexuales simuladas o construcción de vínculos estables sin la reciprocidad humana tradicional.

Privilegia:

- Personalización de la experiencia afectiva
- Ausencia de conflicto interpersonal
- Control emocional y predictibilidad

Desafíos:

- Aislamiento social
- Proyección de necesidades no resueltas
- Desdibujamiento de los límites entre lo real y lo simbólico

Necesita:

- Reflexión crítica sobre la función del vínculo
- Claridad sobre lo que se está proyectando o evitando
- Acompañamiento terapéutico si reemplaza vínculos humanos

Preguntas clave:

- ¿Qué necesidad está satisfaciendo esta relación?
- ¿Sustituye, complementa o evita el contacto humano?
- ¿Qué impacto tiene en la vida emocional y social del individuo?

5.4 Historias reales, vínculos complejos: el acompañamiento terapéutico en la diversidad relacional

La terapia de pareja contemporánea no puede seguir funcionando desde un modelo único, rígido o moralizante. Cada pareja tiene su propia arquitectura, sus reglas internas, sus contradicciones y su forma de amar. Como terapeutas, nuestro rol no es dictar lo que está bien o mal, sino acompañar desde la conciencia, el respeto y la responsabilidad emocional.

A continuación, presentamos cuatro viñetas clínicas que representan conflictos actuales dentro de diferentes configuraciones de pareja. En cada caso, incluimos preguntas orientadoras y elementos clave para diseñar una intervención terapéutica significativa y personalizada.

5.4.1 Víctor y Elena: Entre el amor, el miedo y la apertura

Resumen del caso:

Después de dos años de relación monogámica estable Elena, le comparte a Víctor, que se siente atraída por las mujeres y desea explorar esa parte de sí misma. No quiere terminar con Víctor, a quien ama profundamente, pero necesita ser honesta con lo que está descubriendo. Víctor, aunque inicialmente se siente confundido y con miedo de perderla, expresa que está dispuesto a intentarlo y ambos llegan a terapia buscando comprender si su vínculo puede transformarse sin romperse.

Preguntas estándar:

- ¿Qué tipo de vínculo están sosteniendo hoy y cómo lo nombrarían?
- ¿Se sienten libres de ser ustedes mismos en la relación?
- ¿Qué les da miedo perder si deciden cambiar la forma de vincularse?

Preguntas específicas:

- ¿Qué significa para Elena esta atracción hacia mujeres: deseo; identidad; búsqueda de libertad?
- ¿Qué necesita Víctor para sentirse seguro y no desplazado afectivamente?
- ¿Cuánto tiempo pretenden darse para experimentar los cambios?
- ¿Están dispuestos a hacerse acompañar con la terapia durante ese proceso?

Diseño terapéutico sugerido:

- Explorar las creencias de ambos sobre amor, fidelidad y expresión sexual.

- Nombrar y contener los miedos activados sin que se vuelvan barreras al diálogo.
- Establecer acuerdos transitorios que les permitan explorar sin desbordarse.
- Posibilidad de sesiones individuales para clarificar los deseos de cada uno.
- Fortalecer el cuidado mutuo y el respeto como base, independientemente del rumbo final.

5.4.2 Paulo y Claudia: Más allá del perdón

Resumen del caso:

Paulo, ha tenido encuentros sexuales con hombres durante la relación Claudia, lo sabe y aunque ha decidido perdonarlo y aceptarlo, teme que él esté buscando algo que ella no puede darle. La preocupación no es sobre el pasado sino sobre la dirección que tomará la relación.

Preguntas estándar:

- ¿Qué tipo de vínculo están sosteniendo hoy y cómo lo nombrarían?
- ¿Se sienten libres de ser ellos mismos dentro de la relación?
- ¿Qué les da miedo perder si deciden cambiar la forma de vincularse?

Preguntas específicas:

- ¿Qué significa para Paulo, su atracción hacia los hombres: identidad; deseo; exploración?
- ¿Qué necesita Claudia para sentir seguridad sin invalidar la experiencia de Paulo?

Diseño terapéutico sugerido:

- Abrir espacio para que Paulo explore su orientación sin juicio ni presión.
- Trabajar con Claudia la distinción entre amor, posesión y autoimagen.
- Construir acuerdos que consideren lo individual y lo vincular.
- Posibilidad de sesiones individuales alternadas para profundizar procesos personales.

5.4.3 Lupita y Joaquín: Necesidad y evitación

Resumen del caso:

Lupita, con un historial de vínculos que no prosperan se involucra con Joaquín, un hombre que sólo ha sostenido relaciones a distancia. Lupita, teme perderlo mientras que Joaquín, teme vincularse. Ambos están en terapia con la esperanza de encontrar una forma de estar juntos.

Preguntas estándar:

- ¿Qué tipo de relación desean realmente más allá del miedo?
- ¿Qué está negociando cada uno consigo mismo para sostener este vínculo?

Preguntas específicas:

- ¿Lupita, está buscando amor o pretende evitar el vacío personal?
- ¿Joaquín, huye del vínculo por miedo a fallar o a ser visto realmente?

Diseño terapéutico sugerido:

- Trabajar las narrativas personales sobre el amor y la valía.
- Explorar la ansiedad de separación y el miedo a la intimidad.
- Proponer tiempos y acciones concretas para medir el deseo real de vincularse.
- Integrar trabajo de autoestima y autorregulación emocional.

5.4.4 Mónica y Raúl: El acuerdo que cambia

Resumen del caso:

Mónica, con experiencia en relaciones abiertas, inicia un vínculo con Raúl, él accede a un modelo poliamoroso para no perderla, pero ahora ella se replantea si realmente quiere seguir en ese esquema. Han llegado a terapia en medio de este cambio inesperado.

Preguntas estándar:

- ¿Qué tipo de relación están construyendo realmente más allá de la etiqueta?
- ¿Qué acuerdos están siendo impuestos por miedo a la pérdida?
- ¿Hay honestidad emocional o están jugando a no incomodar?

Preguntas específicas:

- ¿Raúl quiere experimentar o teme quedarse solo?
- ¿Mónica se replantea desde el deseo o desde la culpa?

Diseño terapéutico sugerido:

- Revisión profunda del sistema de valores de cada uno.
- Diferenciación entre deseo auténtico y concesión emocional.
- Posibilidad de redefinir la relación sin imposición ni temor.

5.5 Fomentar la transparencia en la conversación y el respeto a los límites mutuos.

Estos casos reflejan que la diversidad relacional no sólo se manifiesta en etiquetas o configuraciones, sino en las tensiones, dilemas y aprendizajes que cada pareja vive al intentar sostener su vínculo. No hay recetas universales pero sí principios terapéuticos, que pueden orientar el acompañamiento. A continuación, se presentan algunas claves que sirven como brújula clínica para trabajar con la pluralidad de formas de amar y convivir.

5.6 Claves para diseñar intervenciones terapéuticas en la diversidad relacional:

Evitar suposiciones: No asumir que todos quieren lo mismo ni que lo que fue pactado ayer sigue vigente hoy.

Sostener el conflicto sin resolverlo de inmediato: Acompañar la complejidad sin forzar conclusiones.

Revisar constantemente los acuerdos relacionales: ¿Siguen vigentes? ¿Satisfacen a ambas partes?

Evitar tanto la patologización de la diversidad como la romantización de vínculos conflictivos. No se debe asumir que lo no tradicional es necesariamente disfuncional ni que lo socialmente aceptado es automáticamente saludable. La mirada terapéutica debe basarse en el respeto, la conciencia y la funcionalidad del vínculo más allá de las etiquetas culturales o normativas.

Trabajar la responsabilidad afectiva: No basta con amar hay que hacerlo bien.

5.7 GLOSARIO DE CONCEPTOS CLAVE

Identidad: Construcción personal y social de quiénes somos.

Género: Experiencia interna y social del ser hombre, mujer, ambos o ninguno.

Orientación sexual: Dirección del deseo (heterosexual, homosexual, bisexual, pansexual, etc.).

Experimentación: Proceso de búsqueda y descubrimiento de aspectos afectivos y sexuales sin necesariamente definir una identidad fija.

Responsabilidad afectiva: Capacidad de hacerse cargo de las consecuencias emocionales que generamos en los demás.

Hablar de diversidad relacional es hablar de libertad pero también de responsabilidad. Cada tipo de pareja, más allá de su configuración, exige conciencia, honestidad y cuidado mutuo. No existe una fórmula única para amar pero sí principios universales, que pueden sostener cualquier tipo de vínculo: respeto; comunicación; acuerdos claros y voluntad de crecer juntos.

Como terapeutas, acompañar esta diversidad implica aprender a mirar sin prejuicio, a escuchar sin categorizar y a facilitar procesos donde cada pareja pueda preguntarse no sólo "qué son" sino sobre todo, "qué necesitan para que su vínculo sea sano, recíproco y con sentido".

Que este capítulo sirva como una puerta para el entendimiento y como espejo donde cada pareja pueda verse, aceptarse y decidir su camino desde la autenticidad porque al final más que encajar en una definición, lo que importará es cómo se sienten al caminar juntos.

Los capítulos siguientes explorarán cómo estas dinámicas diversas se sostienen y se transforman a través de la comunicación; la gestión emocional y los acuerdos conscientes.

Reflexión final del capítulo

Hablar de diversidad relacional es hablar de libertad pero también de responsabilidad. Cada forma de vínculo exige respeto, comunicación y acuerdos claros. La labor terapéutica no consiste en dictar cómo debe amarse sino en acompañar a cada pareja a descubrir qué necesita para construir un vínculo sano, recíproco y con sentido porque, al final, lo importante no es encajar en una etiqueta, sino elegir cada día caminar juntos desde la autenticidad.

No importa el nombre del vínculo, lo esencial es la conciencia con la que se sostiene.

Capítulo 6.
Heridas de la infancia y sus ecos en la adultez.

Cómo las huellas del ayer condicionan nuestros vínculos del presente

Este capítulo invita a reconocer esas siembras; a mirar sin juicio nuestras huellas emocionales y a iniciar un camino de transformación. Aquí exploraremos cómo se gestan estas heridas, qué impacto tienen, cómo se expresan en la vida adulta y cómo podemos comenzar a sanar.

6.1 Polo: el eco de lo que no se nombró

Polo creció en una casa donde el miedo tenía nombre y rostro: Su padre golpeaba a su madre con frecuencia y aunque los gritos retumbaban en las paredes siempre había una excusa para justificarlos: "Ella lo provocó", "él estaba cansado", "eso pasa en todas las casas", le decían. Con el tiempo esas explicaciones se convirtieron en normalidad y la violencia en un huésped cotidiano.

De niño desarrolló episodios de sonambulismo y un insomnio persistente que lo mantenía en estado de alerta, como si su cuerpo supiera que debía estar listo para huir en cualquier momento. La Psicología lo llama hipervigilancia: él simplemente decía que no podía dormir ni confiar.

Los años pasaron y Polo se fue de casa, dejando atrás los golpes, los gritos y la falsa calma del día siguiente. Se casó construyó una vida distinta pero algo en su interior seguía repitiendo la vieja canción del caos. Aunque jamás ha levantado la mano contra su esposa, reconoce que hay momentos en los que la cólera lo habita: "Es como si llevara un demonio dentro", dice en terapia. En estas circunstancias, él controla, calla, se esfuerza pero a veces, el grito se escapa no por lo que ocurre hoy sino por todo lo que no pudo gritar en aquel entonces.

Polo. para dormir necesita fármacos; para vivir en paz necesita respuestas y eso lo ha traído a terapia: un espacio donde empieza a mirar de frente aquello que temía recordar. Trabajaremos juntos en escudriñar las raíces; observar sus conductas automáticas; identificar sus emociones recurrentes y resignificar los traumas que marcaron su infancia.

Porque sí, las personas se hacen adultas pero muchas veces, debajo de esa adultez hay un niño que aún no ha sido escuchado.

"Muchos adultos no son conscientes de que en su interior todavía vive el niño que un día fue con sus temores, su dolor y sus deseos no atendidos."

(Alice Miller).

La historia de Polo es sólo un ejemplo de cómo lo vivido en la infancia puede seguir resonando en la adultez. Para comprender mejor este fenómeno conviene mirar más de cerca, cómo esas heridas se graban en el psiquismo y por qué muchas veces parecen no terminar con la niñez.

6.2 Cuando la infancia no termina

Las heridas de la infancia son cicatrices invisibles que se forman en etapas donde aún no sabíamos nombrar lo que sentíamos pero sí lo vivíamos intensamente: No son simples recuerdos, son vivencias que se imprimen en el cuerpo, en la percepción del mundo y en la manera en que nos relacionamos. Se quedan en la mirada; en los silencios; en la necesidad de afecto en los miedos sin nombre y en la forma en que buscamos –o evitamos– el amor.

Sigmund Freud, sostenía que las experiencias tempranas son determinantes en la formación de la personalidad. En su teoría del desarrollo psicosexual plantea que las fijaciones que se generan en las etapas infantiles —oral, anal, fálica— pueden influir profundamente en los rasgos, reacciones y elecciones adultas. Para Freud (1923) la personalidad adulta encuentra sus raíces más profundas en lo que ocurre durante los primeros años de vida.

Por otro lado, **Erik Erikson**, a través de su teoría del desarrollo psicosocial, matiza esta postura afirmando que el impacto de las etapas infantiles no es definitivo si se trabajan en etapas posteriores:

"El resultado de una etapa no es permanente; puede ser modificado por experiencias ulteriores" (Erikson, 1950).

Este enfoque -más esperanzador- sugiere que, si bien las heridas de la infancia pueden dejar huellas profundas, también pueden transformarse cuando se hacen conscientes y se les ofrece un espacio de sanación. Como explica Fernando **Savater**:

"La infancia es el territorio más verdadero del ser humano, donde se siembra todo lo que florecerá o se marchitará más tarde" (Savater, 1991).

Si la infancia deja una huella, es natural que ésta se exprese más tarde en síntomas y conductas. A veces no lo recordamos con palabras pero el cuerpo y la mente, se encargan de mantener viva la memoria emocional.

6.3 Señales que el cuerpo y la mente no olvidan

A veces las heridas de la infancia no se expresan con palabras sino con síntomas. No se recuerdan como relatos sino como sensaciones; respuestas automáticas; reacciones emocionales que parecen desproporcionadas pero que son ecos antiguos. Lo que no se nombró en la niñez muchas veces se manifiesta en la vida adulta a través del insomnio; la hipervigilancia; la dificultad para confiar; el miedo al abandono; la necesidad de control o la incapacidad de poner límites.

En terapia, estos indicios no siempre aparecen como recuerdos lineales sino como comportamientos repetitivos; malestares corporales sin explicación médica o patrones relacionales que se repiten una y otra vez.

Así como en el caso de Polo, que se esfuerza por construir una vida distinta a la que vivió, pero aún carga con ese "demonio" que no es más que la emoción contenida de un niño que nunca se sintió a salvo, muchos adultos viven con un dolor antiguo que nunca tuvo nombre.

A continuación, se presenta un cuadro con indicadores comunes del trauma infantil que pueden observarse en la vida adulta. Este recurso no busca etiquetar sino ayudar a reconocer —con respeto y sin juicio— aquellas señales que podrían estar indicando la necesidad de sanar.

Indicadores de Trauma Infantil en la Vida Adulta

Indicador en la vida adulta	Manifestación observable
Insomnio o hipervigilancia constante	Dormir con dificultad, sentirse en alerta o no poder relajarse.
Dificultad para regular la ira	Reacciones desproporcionadas, gritos o represión emocional con estallidos posteriores.

Indicador en la vida adulta	Manifestación observable
Problemas de vinculación afectiva	Miedo a la cercanía o apego ansioso; dificultad para confiar o mantener relaciones sanas.
Conductas evitativas o de huida	Fuga emocional o física ante el conflicto o situaciones incómodas.
Autoconcepto deteriorado	Sentimientos de culpa excesiva, vergüenza o percepción de no merecer amor.
Hipervigilancia emocional	Reacción exagerada a señales de amenaza o tensión en el entorno.
Necesidad de control	Dificultad para delegar o aceptar incertidumbre; búsqueda compulsiva de seguridad.
Adicciones o conductas compulsivas	Uso de sustancias o conductas para anestesiar el malestar interno.
Síntomas psicosomáticos	Dolores crónicos; problemas digestivos; contracturas sin causa médica clara.
Fobia al abandono	Ansiedad intensa ante separaciones o rupturas, incluso leves.

Además de estas señales visibles, muchas personas no logran identificar sus heridas hasta que se detienen a observarse con honestidad. Por eso, a continuación, se proponen algunas preguntas para guiar un proceso más profundo de autorreflexión.

Preguntas para la introspección

- ¿Reconozco alguno de estos indicadores en mi vida cotidiana? ¿Desde cuándo los experimento y en qué contextos suelen activarse?
- ¿Qué reacción emocional suelo tener cuando me siento inseguro o amenazado en una relación cercana?
- ¿He notado que ciertos comportamientos míos son desproporcionados frente a lo que ocurre en el presente? ¿Qué historia del pasado podría estar resonando en ellos?
- ¿Qué he hecho hasta ahora para atender o ignorar estos síntomas? ¿Qué efecto ha tenido eso en mis relaciones?

- ¿Qué necesitaría para empezar a sanar aquello que aún duele, aunque no siempre se vea?

Reconocer las señales en la vida adulta nos lleva a preguntarnos: ¿desde cuándo se graban estas huellas? La investigación psicológica muestra que no inician al azar sino desde las primeras etapas de la vida, incluso antes de nacer.

6.4. ¿Desde cuándo se graban las huellas emocionales?

Desde el vientre materno

La psicología perinatal y los aportes de autores como **Thomas Verny** (1981) y **David Chamberlain** (1998) han mostrado que el feto percibe estímulos afectivos y hormonales desde etapas muy tempranas. El estrés crónico, el miedo, la violencia o el rechazo al embarazo pueden influir en la configuración emocional del bebé antes de nacer.

Freud (1920) sugirió que estas impresiones tempranas se instalan como *huellas mnémicas*, marcando la estructura del psiquismo infantil.

En la primera infancia (0-3 años)

La etapa del apego (Bowlby, 1969) define el nivel de confianza o desconfianza que el niño tendrá con el mundo. La presencia cálida y coherente de los cuidadores sienta las bases de la seguridad emocional. La ausencia emocional, la negligencia o los cuidados intermitentes dejan una huella de desamparo.

En el entorno familiar

El entorno emocional del hogar también impacta: padres en conflicto, ambientes con adicciones, violencia verbal o silencios hostiles generan lo que **Winnicott** (1965) llama *fallas en el entorno suficientemente bueno*. No sólo hiere lo que pasó sino también lo que no pasó: la falta de afecto, de mirada o de validación.

De esta manera, los primeros años construyen un terreno fértil para lo que después llamaremos heridas emocionales. A continuación, revisaremos cuatro de las más comunes que marcan profundamente la experiencia adulta.

6.5. Las Cuatro Heridas

A continuación, se presentan las cuatro heridas emocionales más comunes desde la infancia, con 5 afirmaciones de vivencias infantiles y 5 de sus manifestaciones actuales.

Nota Clínica para terapeutas, consejeros o facilitadores:

Aunque algunos modelos consideran una quinta herida denominada "humillación", desde la experiencia terapéutica que sustenta este capítulo, no se identifica como una categoría independiente. Más bien, se presenta como un **agravante emocional** que puede estar presente en cualquiera de las otras heridas.

La **herida de humillación aparece cuando el daño emocional no sólo se siente en lo íntimo, sino que se exhibe ante otros generando una experiencia de vergüenza pública, ridiculización o exposición involuntaria**. En estos casos, el dolor se intensifica porque no sólo afecta la seguridad o el valor personal sino también, la dignidad ante los demás.

Herida de Abandono

Orígenes (Infancia):

- Mis padres o cuidadores estaban ausentes por largos periodos.
- Me crié sintiéndome emocionalmente solo.
- No recibía consuelo cuando tenía miedo, tristeza o enojo.
- Cambié de cuidadores o casas frecuentemente.
- Presencié separaciones o conflictos no explicados.

Manifestaciones (Adultez):

- Miedo constante a que me dejen.
- Dependencia emocional o dificultad para estar solo.
- Relaciones donde me vuelvo complaciente para que no me abandonen.
- Necesidad de atención y validación constantes.
- Sentimientos de vacío afectivo aun cuando estoy en pareja.

Herida de Rechazo

Orígenes (Infancia):

- Percibí que no fui deseado.
- Me sentía ignorado o criticado frecuentemente.
- Se ridiculizaban mis emociones o necesidades.
- Me comparaban con otros de forma negativa.
- Sentía que tenía que cambiar para ser aceptado.

Manifestaciones (Adultez):

- Me cuesta recibir amor o elogios.
- Evito mostrar mi verdadera esencia.
- Me autoexijo en exceso por miedo al juicio.
- Tiendo a retirarme emocionalmente para evitar rechazo.
- Me siento como "una carga" para los demás.

Herida de Traición

Orígenes (Infancia):

- Fui testigo de mentiras, infidelidades o engaños.
- Adultos incumplieron promesas importantes.

- Sentí que no podía confiar en nadie.
- Me manipularon emocionalmente.
- Experimenté situaciones de abuso de poder.

Manifestaciones (Adultez):

- Dificultad para confiar plenamente en los demás.
- Necesidad de control en las relaciones.
- Celos intensos y pensamientos paranoides.
- Temor a que me mientan o traicionen.
- Dificultad para perdonar o soltar resentimientos.

Herida de Injusticia

Orígenes (Infancia):

- Fui tratado con rigidez excesiva o frialdad.
- Recibí castigos desproporcionados o sin explicación.
- Me exigían perfección sin considerar mis emociones.
- Percibía favoritismos o arbitrariedades.
- No se valoraban mis logros o esfuerzos.

Manifestaciones (Adultez):

- Soy muy exigente conmigo mismo y con otros.
- Me cuesta expresar mis emociones con libertad.
- Valoro más el hacer que el sentir.
- Me enojo cuando algo me parece injusto o arbitrario.
- Me cuesta disfrutar sin sentir que "debo ganármelo".

Escala de las Heridas de la Infancia y la Adultez

Instrucciones: Marca con una x la frecuencia con la que te identificas con cada afirmación respecto a tu relación de pareja actual o más significativa. Luego suma los puntos y completa la evaluación final.

Nota Clínica para terapeutas, consejeros o facilitadores:

Esta herramienta de autoevaluación ha sido diseñada desde un enfoque psicoeducativo y humanista. No sustituye una evaluación clínica formal, pero puede ser útil para abrir conversaciones terapéuticas profundas.

Se sugiere utilizarla como instrumento exploratorio para fomentar el diálogo interno y promover una mirada compasiva sobre la historia emocional del consultante.

Al analizar los resultados, evita centrarte únicamente en los puntajes. Observa también las emociones que surgen al responder, los silencios, las dudas porque a veces, ahí está la verdadera herida.

Introducción para quien responde la escala

Las heridas emocionales de la infancia no siempre se recuerdan con claridad, pero suelen dejar rastros en nuestra vida adulta: en la forma en que amamos, reaccionamos, nos vinculamos o nos protegemos.

Esta escala no busca etiquetarte sino ayudarte a reconocer si algunas de esas huellas siguen activas en tu presente.

Responde con sinceridad. No hay respuestas buenas ni malas. Sólo pistas para entenderte mejor y comenzar, si así lo decides, un proceso de transformación emocional.

Instrucciones:

Lee cada afirmación con calma. Marca la frecuencia con la que sientes que te representa. Usa la siguiente escala: Nunca (0) A veces (1) Casi siempre (2) Siempre (3)

Al final podrás sumar tus respuestas y reflexionar sobre las heridas que podrían estar más activas en tu historia.

6.6 Escala Autoevaluativa de Heridas de la Infancia

Registra de 0 a 3 la frecuencia con la que te identificas con cada afirmación:

Nunca (0) · A veces (1) · Casi siempre (2) · Siempre (3)

HERIDA	ÍTEM	ETAPA	PUNTOS (0–3)
Abandono	Mis padres o cuidadores estaban ausentes por largos periodos.	Infancia	
	Me crié sintiéndome emocionalmente solo.	Infancia	
	No recibía consuelo cuando tenía miedo, tristeza o enojo.	Infancia	
	Cambié de cuidadores o casas frecuentemente.	Infancia	
	Presencié separaciones o conflictos no explicados.	Infancia	
	Miedo constante a que me dejen.	Adultez	
	Dependencia emocional o dificultad para estar solo.	Adultez	
	Relaciones donde me vuelvo complaciente para que no me abandonen.	Adultez	
	Necesidad de atención y validación constantes.	Adultez	
	Sentimientos de vacío afectivo aun cuando estoy en pareja.	Adultez	
Rechazo	Percibí que no fui deseado.	Infancia	
	Me sentía ignorado o criticado frecuentemente.	Infancia	
	Se ridiculizaban mis emociones o necesidades.	Infancia	
	Me comparaban con otros de forma negativa.	Infancia	
	Sentía que tenía que cambiar para ser aceptado.	Infancia	
	Me cuesta recibir amor o elogios.	Adultez	
	Evito mostrar mi verdadera esencia.	Adultez	
	Me autoexijo en exceso por miedo al juicio.	Adultez	

HERIDA	ÍTEM	ETAPA	PUNTOS (0–3)
	Tiendo a retirarme emocionalmente para evitar rechazo.	Adultez	
	Me siento como "una carga" para los demás.	Adultez	
Traición	Fui testigo de mentiras, infidelidades o engaños.	Infancia	
	Adultos incumplieron promesas importantes.	Infancia	
	Sentí que no podía confiar en nadie.	Infancia	
	Me manipularon emocionalmente.	Infancia	
	Experimenté situaciones de abuso de poder.	Infancia	
	Dificultad para confiar plenamente en los demás.	Adultez	
	Necesidad de control en las relaciones.	Adultez	
	Celos intensos y pensamientos paranoides.	Adultez	
	Temor a que me mientan o traicionen.	Adultez	
	Dificultad para perdonar o soltar resentimientos.	Adultez	
Injusticia	Fui tratado con rigidez excesiva o frialdad.	Infancia	
	Recibí castigos desproporcionados o sin explicación.	Infancia	
	Me exigían perfección sin considerar mis emociones.	Infancia	
	Percibía favoritismos o arbitrariedades.	Infancia	
	No se valoraban mis logros o esfuerzos.	Infancia	
	Soy muy exigente conmigo mismo y con otros.	Adultez	
	Me cuesta expresar mis emociones con libertad.	Adultez	
	Valoro más el hacer que el sentir.	Adultez	
	Me enojo cuando algo me parece injusto o arbitrario.	Adultez	
	Me cuesta disfrutar sin sentir que "debo ganármelo".	Adultez	

Nivel de Herida Emocional Total

Suma los puntos de cada herida (máximo 30 puntos por herida: 10 ítems x 3 puntos). Luego interpreta el total con la siguiente escala: Rango de Puntaje por Herida (0–30)

Nivel de Activación de la Herida

0 – 6 Herida emocional aparentemente superada o poco activa

7 – 14 Herida emocional latente (puede activarse bajo ciertas condiciones)

15 – 22 Herida emocional activa (influye de forma visible en los vínculos)

23 – 30 Herida emocional profundamente activa (requiere atención terapéutica)

Puedes tener más de una herida activa. Lo importante no es sólo la suma, sino reconocer cómo se manifiesta y desde dónde eliges vincularte.

Identificación de la Herida Predominante

Anota aquí el puntaje total obtenido en cada grupo de preguntas. Cada herida tiene un máximo de 30 puntos.

Herida	Puntaje Total (máx. 30)
Abandono	
Rechazo	
Traición	
Injusticia	

La herida con mayor puntaje suele ser la que ha dejado un sello más fuerte en tu historia emocional. No es una etiqueta, sino una pista para iniciar procesos de sanación con mayor conciencia.

Correlación con los Estilos de Apego

Herida	Estilo de Apego Asociado	Conducta Relacional Frecuente
Abandono	Ansioso-ambivalente	Miedo a la separación, necesidad de constante cercanía
Rechazo	Evitativo	Retraimiento emocional, autosuficiencia defensiva
Traición	Desorganizado	Relaciones caóticas, desconfianza, ambivalencia afectiva
Injusticia	Ansioso / Evitativo	Control, exigencia, intolerancia a la vulnerabilidad

Identificar la herida es un primer paso, pero no el único. Una vez reconocida, se abre el camino hacia la sanación, que requiere prácticas concretas de autocompasión, resignificación y cuidado emocional.

6.7 Herramientas de Sanación Emocional.

Ejercicio terapéutico

6.7.1 Carta a mi niño(a) herido(a)

Este ejercicio invita a conectar con el niño o niña que fuiste.

Instrucciones:

Busca un lugar tranquilo.

Escribe una carta comenzando con: "*Querido(a) niño(a) que fui...*"

Describe con honestidad lo que viviste, lo que sentiste, lo que necesitabas.

Luego escribe desde el adulto que eres hoy, reconociendo ese dolor y ofreciendo comprensión.

Termina la carta con una promesa: "*A partir de hoy me comprometo a...*"

6.7.2 Ritual simbólico de sanación emocional

Ritual del espejo y la promesa de cuidado interno

Busca un lugar íntimo y coloca un espejo a la altura de tus ojos.

Enciende una vela blanca y respira profundamente.

Mira tu reflejo. Siente compasión por lo que ves.

Pronuncia en voz alta:

"Reconozco las heridas que llevo dentro. No soy culpable por lo que viví, pero sí responsable de cómo me cuido hoy. Hoy me elijo, me acepto, me amo y me respeto. Hoy prometo amarme y respetarme todos los días de mi vida".

Agradece a tu niño/a interior y apaga la vela con gratitud.

6.7.3 Preguntas de reflexión final de este capítulo

- ¿Qué herida identifico como más presente en mi historia?
- ¿Cómo se manifiesta esta herida en mis vínculos actuales?
- ¿Qué personas o situaciones han sido espejos de esa herida?
- ¿Qué parte de mí ha aprendido a protegerse de esa forma?
- ¿Qué recursos tengo hoy para comenzar a sanar?
- ¿Estoy dispuesto a dejar de reaccionar desde la herida y comenzar a actuar desde la responsabilidad?

Reflexión final del capítulo

Las heridas de la infancia no nos definen pero sí nos atraviesan. Aunque no siempre las recordamos con claridad ellas encuentran formas de manifestarse: en los vínculos que repetimos, en los miedos que callamos, en las emociones que nos desbordan o en el amor que evitamos por temor a doler o ser dolidos.

Reconocerlas no es volver al pasado con reproche sino con compasión. Es entender que lo que nos dolió entonces no fue nuestra culpa pero que lo que hacemos hoy con ese dolor si es nuestra responsabilidad.

Cada vez que nos elegimos; que ponemos un límite; que dejamos de justificarnos por sentir estamos haciendo un pequeño acto de reparación y en esos actos cotidianos —valientes, humildes, a veces silenciosos— comienza el verdadero proceso de sanar.

Hoy ya no reacciono como el niño herido que fui, hoy decido actuar como el adulto que elige cuidarse y en ese acto de conciencia descubro que la herida no desaparece por olvido sino por presencia amorosa.

Capítulo 7.
Dependencia y codependencia afectiva.

Amar sin depender; amar sin invalidar.

7.1 María Inés: el eco de lo no resuelto

María Inés, una mujer de edad de oro, con hijos adultos, llevaba sobre sus hombros no sólo el peso de una maternidad comprometida, sino también el cansancio silencioso de haber sostenido vínculos rotos con hilos de esperanza. Su matrimonio terminó tras múltiples infidelidades de su esposo; no fue el dolor de la traición lo que más la quebró, sino la sensación de haberse fallado a sí misma por permanecer tanto tiempo en una relación donde no era vista ni elegida.

Hija de una madre que atravesó una relación compleja con el alcohol y un padre emocionalmente ausente María Inés, había aprendido desde niña a no necesitar; a no molestar; a ganarse el afecto desde la utilidad por eso, en su adolescencia y juventud se enamoraba de hombres imposibles: el que tenía novia; el que no quería compromiso; el que siempre estaba resolviendo algo más importante que ella. Era como si su corazón sólo supiera latir por lo inalcanzable.

Después del divorcio y con un anhelo de reconstruirse, conoció a un hombre que aún no cerraba su capítulo anterior, él aún vivía con su exnovia «por motivos prácticos» según decía. María Inés, le creyó o quiso creerle, lo justificaba, lo esperaba, se ofrecía a estar "para lo que él necesitara" y él, claro, necesitaba muchas cosas menos compromiso.

Tiempo después conoció a alguien más: Un hombre viudo con un hijo pequeño y una montaña de deudas. Él le hablaba con ternura y agradecimiento y su necesidad se confundía con afecto. María Inés, quien siempre fue buena para dar y mala para recibir, se convirtió en madre sustituta, rescatista emocional y aval financiera. Sin notarlo estaba criando a un hijo que no era suyo, pagando deudas que no le correspondían y postergando nuevamente sus propios límites.

Sabía que algo no estaba bien, a veces pensaba que merecía una relación diferente, con mayor reciprocidad y donde no sintiera el abuso o que no debía cargar con lo que no le correspondía pero luego él le recordaba que sin ella no saldría adelante, que la necesitaba, que era su pilar y ella, habituada a sentir que su valor estaba en ser imprescindible, volvía a quedarse. En su cabeza había una frase que le daba vueltas: "No sé decir que no, sin sentir que abandono".

María Inés, no era ingenua, era codependiente: confundía amar con sostener y cuidar con salvar. Su afecto era honesto pero su entrega estaba herida. No sabía amar sin sacrificarse; no sabía pedir sin culpa y no sabía irse sin sentir que estaba fallando.

Hasta que un día se miró nuevamente al espejo y recordó el mantra: "Hoy prometo amarme y respetarme todos los días de mi vida". No hubo un evento trágico, ni un ultimátum, sólo se miró y se reconoció: cansada, triste, endeudada emocionalmente, extrañándose y ese día decidió irse, no por rabia ni por otro amor sino porque por fin se eligió a sí misma.

7.2 ¿Qué es la dependencia y la codependencia afectiva?

No todas las personas aman de la misma manera: Algunas lo hacen desde la necesidad, otras desde el control, muchas desde el miedo y pocas desde la conciencia. Por eso es importante distinguir entre dependencia afectiva y codependencia, dos patrones de vínculo que, aunque se entrelazan no son iguales.

La dependencia emocional y afectiva se manifiesta cuando una persona siente que no puede vivir sin el otro: Se experimenta una fuerte sensación de vacío interior que se intenta llenar con la presencia constante del ser amado, hay una búsqueda insistente de permanencia, validación y afecto que fácilmente, se transforma en ansiedad ante cualquier señal de distancia o desconexión. El dependiente no sólo desea la cercanía del otro, sino que la percibe como imprescindible para sentirse en paz consigo mismo.

La codependencia, en cambio, es más compleja: La persona codependiente no sólo se vincula con alguien sino que se vuelve indispensable para el otro: Sostiene, resuelve, sobreprotege, se convierte en salvadora o pilar pero, muchas veces a costa de sí misma y detrás de ese aparente acto de amor hay, sin saberlo, una forma de control.

Melody Beattie, en su libro Codependent No More (1987), explica que la persona codependiente comienza a sentirse responsable por las emociones, acciones y decisiones del otro, dejando de lado sus propios límites y bienestar (Beattie, 1987, p. 39).

Este tipo de comportamientos no son sólo reacciones automáticas: nacen de una forma particular de mirar la vida y los vínculos. Las personas con comportamientos dependientes suelen interpretar el mundo desde una herida psicoafectiva de abandono o rechazo. Temen no ser elegidas, no ser suficientes, no ser vistas. Su anhelo más profundo no es amar, sino ser amadas; no es cuidar, sino ser cuidadas por eso, ante cualquier señal de distancia, activan mecanismos de búsqueda ansiosa, apego e incluso sumisión con tal de no ser dejadas atrás.

En contraste, quienes manifiestan patrones codependientes tienden a mirar el mundo desde una lente de injusticia. Llevan consigo una creencia inconsciente de que deben encargarse de los otros como si fueran salvadores emocionales; pilares de toda una especie de superhéroes del afecto. Esta narrativa les impulsa a resolver, anticipar, rescatar, cargar pero en el fondo lo que buscan no es solo ayudar: es sentirse necesitados, indispensables, validados por su capacidad de sostener al otro y es ahí donde el aparente altruismo se convierte en una forma de control encubierta.

Virginia Satir, pionera de la terapia familiar sistémica señalaba que muchos adultos reproducen en sus vínculos afectivos, los roles aprendidos en sus familias de origen. Cuando en la infancia se vivió con la tarea de cuidar, proteger o mantener la armonía del sistema familiar, es común que en la adultez se perpetúe ese rol incluso a costa del bienestar propio. Por eso, explica Satir: sanar es también "liberarse de los mandatos afectivos heredados y atreverse a crear una nueva forma de vincularse consigo mismo y con los demás".

7.2.1 Diez características de la dependencia afectiva:

1. Miedo persistente al abandono, incluso sin señales claras que lo justifiquen.
2. Idealización de la pareja acompañada de una sensación de inferioridad o insuficiencia personal.
3. Baja autoestima emocional que lleva a una búsqueda constante de validación externa.
4. Ansiedad ante la distancia emocional como cuando no hay respuesta o contacto frecuente.
5. Dificultad para decidir por sí mismo necesitando la aprobación o guía del otro.
6. Postergación de proyectos o relaciones propias por miedo al conflicto o a la desaprobación.
7. Desconexión de las propias necesidades adaptándose en exceso para mantener el vínculo.

8. Sensación de vacío existencial cuando la relación se fractura o hay amenazas de ruptura.
9. Confusión entre amor y necesidad creyendo que el afecto implica sacrificio constante.
10. Autoanulación disfrazada de amor incondicional donde se tolera el maltrato o el desinterés por no "dejar de amar".

7.2.2 Diez características de la codependencia afectiva:

1. Necesidad de sentirse necesario o imprescindible como forma de sostener la autoestima.
2. Apropiación de cargas o problemas ajenos aun cuando no le corresponden.
3. Compulsión por cuidar, salvar o rescatar incluso cuando el otro no lo ha pedido.
4. Sacrificio de las propias necesidades y bienestar con tal de sostener al otro.
5. Dificultad para poner límites claros sintiendo culpa o miedo a ser rechazado.
6. Confusión entre amor y control disfrazando la manipulación de protección o ayuda.
7. Uso del afecto, los favores o el dinero como forma de vinculación y dominio emocional.
8. Dependencia del reconocimiento externo sobre todo del rol de "salvador" o "soporte".
9. Incapacidad para soltar relaciones tóxicas o disfuncionales con la idea de que "sin mí, no puede".
10. Temor a ser prescindible que lleva a mantenerse en relaciones donde el amor ha sido reemplazado por la necesidad.

7.3 Explorar para transformar

Ahora que has leído estas características tómate un momento para preguntarte con honestidad:

- ¿En cuál de estos patrones te reconoces más: dependencia o codependencia?
- ¿Has sentido que tu forma de amar te apaga más de lo que te enciende?
- ¿Estás esperando que alguien te elija, o estás eligiéndote tú?
- ¿Qué emociones surgen cuando piensas en poner límites o tomar distancia?
- ¿Desde dónde estás amando, desde el miedo, la costumbre, a necesidad o la consciencia?

7.4 Exploración de patrones de dependencia y codependencia

A lo largo de casi dos décadas en los talleres *Mujeres Emocionalmente Responsables* (MER) y *Hombres Emocionalmente Responsables* (HER) surgió un ejercicio clave: construir preguntas que sirvieran como espejo emocional.

Estas preguntas no nacieron de manuales ni de algoritmos, sino de la experiencia viva de cientos de personas que se atrevieron a abrirse con honestidad. Las fuimos afinando, organizando, repensando hasta convertirlas en una herramienta potente de autoexploración. Algunas tienen raíz en vivencias personales, otras fueron fruto de reflexiones grupales y todas ellas buscan una cosa: ponerle palabras a lo que muchas veces duele en silencio.

Este listado no es para etiquetar ni diagnosticar, sino para iluminar zonas internas que merecen atención. Puede ser útil para quien desea comprender su historia afectiva y también para terapeutas o facilitadores que deseen abrir procesos de conciencia desde lo psicoeducativo y lo humanista.

Estos comportamientos no siempre se presentan de forma extrema o visible a veces son sutiles, se disfrazan de cuidado, de amor "incondicional", de entrega absoluta pero detrás de esa entrega puede haber abandono de sí, fusión emocional y pérdida de libertad.

Este capítulo invita a mirar de frente esa dinámica. No para juzgarla sino para comprenderla, distinguirla y transformarla porque sólo cuando reconocemos los vínculos que nos atan desde la carencia, podemos empezar a construir relaciones que nos nutran desde la libertad teniendo en consideración que amar no es necesitar es elegir y elegir desde la conciencia es el acto más amoroso y responsable que podemos hacer con nosotros mismos y con los otros.

7.5 Comprender para cambiar: una mirada más profunda

La dependencia y la codependencia son dos manifestaciones emocionales distintas pero profundamente relacionadas. Ambas tienen como raíz una dificultad para sostenerse emocionalmente desde la autonomía y tienden a generar relaciones desequilibradas en las que uno necesita ser salvado y el otro necesita salvar.

La dependencia afectiva suele expresarse desde la carencia: una persona que siente que no puede vivir sin el otro; que se somete; que se borra a sí misma por mantener la relación incluso en condiciones de maltrato, indiferencia o abandono, es una pérdida de identidad personal en nombre del amor.

La codependencia, en cambio es más sutil. El codependiente no se siente víctima sino responsable del bienestar del otro por ello, asume el rol de salvador, de protector, de quien sostiene, cuida y muchas veces, controla. Esta entrega es adictiva: hay un placer inconsciente en sentirse necesario, aunque eso implique cargar con responsabilidades ajenas o invadir la autonomía del otro.

7.6 Ejercicio de reflexión: exploración de patrones

A continuación, se presenta una lista de preguntas diseñada originalmente para los talleres *Mujeres Emocionalmente Responsables* y *Hombres Emocionalmente Responsables*. Estas preguntas han sido reorganizadas y actualizadas para favorecer la autorreflexión y abrir el camino al cambio.

Hay preguntas cuya respuesta afirmativa puede ser detonante tanto de conductas dependientes como codependientes dependiendo de cómo se interiorizó esa experiencia, por ejemplo:

Una infancia con violencia o rechazo puede hacer que alguien tema el abandono y se comporte de forma dependiente (D) o que desarrolle una necesidad de controlar para sentirse seguro desde una orientación codependiente (C).

Un padre con adicciones puede dar lugar a alguien que se vuelve cuidador emocional desde niño (C) o que busca relaciones donde se siente necesitado (D).

7.7 Una herramienta, no un diagnóstico

Estas preguntas no son una sentencia ni un diagnóstico, son una herramienta para la exploración emocional. Sirven como punto de partida para comenzar un proceso de autoobservación que permita identificar patrones que limitan el desarrollo emocional y deterioran los vínculos. Responderlas, puede ser el primer paso para recuperar la autonomía, la dignidad afectiva y la libertad interior.

7.8 La metáfora del titiritero y el títere

El dependiente es como un títere a merced de quien sostiene los hilos, siente que sin el otro no puede vivir como ocurre en las adicciones.

El codependiente, en cambio, es el titiritero. Ama, salva, protege, da pero también maneja los hilos del otro, a veces con dinero, con afecto, con consejos, con chantaje emocional o con ayuda constante. No lo hace por maldad sino por miedo a no ser necesario.

Cuando el títere empieza a tomar su propia vida —cuando busca autonomía— el titiritero sufre y a veces, va en busca de otro títere para seguir sintiéndose útil.

Del mismo modo, hay títeres que al soltarse no se transforman en personas libres sino que corren a buscar otro titiritero que los sostenga.

Ambos en el fondo, están atrapados en una danza donde falta la autonomía y sobra el miedo. Uno no puede estar sin el otro y el otro necesita que el uno no pueda.

Y sí hay algo luminoso en la codependencia: el deseo de ayudar, de cuidar, de estar para alguien pero su lado oscuro aparece cuando esa ayuda impide el crecimiento del otro y alimenta una relación basada en la necesidad, no en la libertad.

7.9 Comprender el apego para sanar el vínculo

7.9.1 ¿Qué es el apego?

John Bowlby, psiquiatra y psicoanalista británico, definió el apego como "un vínculo emocional profundo y duradero que conecta a una persona con otra a través del tiempo y el espacio". Para él, el apego no es un simple fenómeno psicológico sino un impulso biológico fundamental tan necesario como el hambre o el sueño. Desde que nacemos, buscamos a alguien que nos mire, nos sostenga, nos tranquilice y esa necesidad no desaparece al crecer, sólo cambia de forma.

Mary Ainsworth, colaboradora cercana de Bowlby, aportó una mirada más empírica con sus estudios observacionales en la famosa "situación extraña" donde identificó los primeros estilos de apego en la infancia: **seguro, ansioso y evitativo**. Su trabajo dejó claro que la manera en que fuimos cuidados impacta directamente en cómo pedimos amor, cómo lo damos y cómo lo defendemos.

Sue Johnson, terapeuta de parejas y creadora de la Terapia Focalizada en las Emociones, resume este concepto con precisión: "El apego no es algo que superamos. Es una necesidad humana constante: saber que no estamos solos en lo importante".

El apego es entonces, el estilo emocional con el que aprendimos a relacionarnos. Nace temprano —en la cuna, en los brazos, en las miradas— pero se activa con fuerza en la adultez especialmente en las relaciones de pareja, donde se ponen en juego la intimidad, la vulnerabilidad y el deseo de permanencia.

7.9.2 Tipos de apego

1. Apego seguro

Es el ideal no eso perfecto pero si es funcional y nutritivo. Son personas que pueden amar sin perderse, confiar sin volverse ciegas, poner límites sin culpa; no temen la cercanía pero tampoco la soledad; saben que están bien con el otro pero también consigo mismas.

2. Apego ansioso

Aquí el amor se vive con miedo al abandono. Hay una necesidad constante de confirmación, de contacto, de presencia. Las personas con apego ansioso viven hipervigilantes ante cualquier señal de distanciamiento emocional y tienden a dudar de su valor cuando no reciben respuesta inmediata.

3. Apego evitativo

Este estilo se protege del dolor huyendo del vínculo profundo. Son personas que pueden amar pero cuando sienten que la relación exige entrega tienden a alejarse. Les cuesta hablar de emociones, se sienten invadidas por la necesidad del otro y suelen desconectarse como defensa.

Como escribió Amir Levine, autor de Attached: "Los evitativos no es que no amen, es que temen perder su independencia emocional si se acercan demasiado".

4. Apego desorganizado

Más recientemente, las investigadoras Mary Main y Judith Solomon identificaron un cuarto estilo de apego: el apego desorganizado. Lo observaron en niños que al ser expuestos a situaciones de estrés, no sabían si acercarse o alejarse de la figura de apego porque esa misma figura era fuente de consuelo y de miedo.

Este es el estilo más confuso y doloroso quien lo vive quiere amar pero al mismo tiempo siente un miedo paralizante. Se mezcla lo ansioso con lo evitativo: la necesidad de cercanía con el impulso de alejarse puede haber acercamientos impulsivos seguidos de huidas repentinas.

En la adultez, suele estar ligado a historias de trauma; negligencia emocional o vínculos tempranos contradictorios. La persona quiere amar pero no sabe cómo hacerlo sin sentirse en riesgo o sin lastimarse a sí misma o al otro. Nadie tiene un solo tipo de apego para siempre.

Los tipos de apego no son condenas, no es "tú eres evitativo y punto". Podemos cambiar, sanar, integrar nuevas formas a veces incluso cambiamos de estilo dependiendo de la persona con la que nos vinculamos.

Te cuento algo que escuché en consulta (digamos que a un terapeuta cercano a este libro):

"En una relación donde hubo desconfianza e infidelidad, descubrí que mi apego era claramente ansioso: necesitaba saberlo todo, necesitaba estar seguro a cada rato me sentía inseguro, insuficiente y años después en otra relación, me fui al otro extremo. Evitativo: Me volví distante, autosuficiente, como si así pudiera vacunarme contra el sufrimiento."

Ese vaivén es más común de lo que pensamos a veces nos volvemos evitativos después de haber sido ansiosos; a veces fingimos seguridad para no mostrar que nos sentimos rotos, lo importante no es "etiquetarnos" sino entendernos.

7.10 De la conciencia al cambio

Comprender tu estilo de apego no es para encasillarte sino para abrir posibilidades. Cuando sabes cómo funcionas, puedes empezar a:

Nombrar tus miedos sin vergüenza.

Poner límites sin herirte.

Reconocer tus necesidades sin disfrazarlas.

Y elegir relaciones que te hagan bien no sólo las que te resultan familiares.

Como diría **Carl Rogers**: *"La paradoja curiosa es que cuando me acepto tal como soy entonces puedo cambiar* "Y cuando el cambio se vuelve una elección consciente podemos pasar de la dependencia emocional a un vínculo construido con autonomía, respeto mutuo y un amor que no asfixia ni desaparece.

7.11 Cuando el amor se confunde: dependencia, codependencia y la danza de lo no resuelto

En muchas relaciones de pareja —quizá más de las que imaginamos— se despliega una danza invisible entre la dependencia y la codependencia. Son roles que no se eligen conscientemente pero que se forman a partir de heridas antiguas, necesidades no resueltas y aprendizajes profundamente enraizados. La persona dependiente busca a alguien que le cuide, le proteja, le salve. La codependiente necesita sentirse necesaria, resolver, sostener. Así, sin querer, uno busca ser salvado y el otro busca salvar.

Pero el tiempo desgasta incluso las dinámicas que al principio parecen encajar, la persona dependiente puede sentirse invadida, anulada, sofocada por el control del otro. La codependiente, por su parte, termina extenuada, sobrecargada y con la sensación amarga de dar más de lo que recibe, así lo que comenzó como vínculo se convierte en un enredo donde ambos pierden.

En la práctica terapéutica este patrón se repite con frecuencia y algo que también se repite es que ambos creen ser la parte más herida, la más sacrificada. La persona dependiente puede decir: *"Nunca me deja decidir, me trata como si no supiera nada" y* la codependiente responde: *"Yo hago todo por ti, ¿y así me pagas?"*.

Detrás de estas frases hay necesidades emocionales no resueltas que se proyectan en la relación. Las personas con conductas **dependientes** suelen tener una mirada psicoafectiva marcada por el **abandono y el rechazo.** Desde pequeñas sintieron que no eran suficientes por sí mismas, que su bienestar dependía de ser elegidas, protegidas o amadas incluso si eso implicaba callarse, adaptarse o ceder.

En cambio, quienes presentan conductas **codependientes** suelen haber construido su identidad desde la **necesidad de ser útiles, de tener el control o de garantizar el bienestar de otros,** miran la vida desde una lógica de "injusticia": si no ayudan, si no están, si no se sacrifican sienten que algo fallará. Por eso, aman tomando el rol de salvadores, aunque les pese o, aunque les duela.

Virginia Satir, precursora de la terapia familiar, explica que muchas veces las personas no se vinculan desde lo que son sino desde lo que les falta. Así, no buscan amar al otro sino completar sus propias carencias a través del otro.

Esto no significa que estén condenados a esos patrones, significa que, si los reconocen pueden empezar a transformarlos.

7.12 ¿Y si aprendemos a amar distinto?

La sanación no ocurre de golpe, ocurre en pequeños gestos; en decisiones conscientes; en diálogos honestos y también en la construcción de nuevas formas de estar en pareja que no se basen en la necesidad o en el control sino en la elección libre, en la autonomía compartida y en la mutua responsabilidad.

7.12.1 ¿Qué puede hacer una persona con tendencias dependientes?

Trabajar su autoestima desde afirmaciones, logros propios y autocompasión.

Fortalecer su autonomía emocional y práctica aprendiendo a tomar decisiones por sí misma, gestionar sus tiempos, dinero, espacios y emociones.

Reconocer su valor más allá de ser elegida o acompañada.

Poner límites sin culpa.

Comprender que el amor no es salvación sino compañía.

7.12.2 ¿Qué puede hacer una persona con tendencias codependientes?

- **Soltar la necesidad de ser indispensable.**
- **Aprender a delegar y confiar** en que el otro puede y debe hacerse cargo de su vida.
- **Establecer límites con cariño** pero sin confusión.
- **Reconocer cuándo ayuda y cuándo invade.**
- **Disfrutar de sí misma sin necesidad de estar salvando a otros.**

7.12.3 ¿Y qué pueden hacer juntos como pareja?

- **Dialogar sobre sus expectativas emocionales** no para reprocharse sino para comprenderse.
- **Aceptar que el amor maduro implica libertad** y que amar no es absorber ni diluirse.
- **Construir acuerdos emocionales y prácticos** donde ambas personas puedan crecer.
- **Buscar apoyo terapéutico si lo necesitan** no porque algo esté "mal" sino porque quieren hacerlo mejor.
- **Celebrar los avances**, incluso los pequeños y sostenerse desde la autenticidad, no desde la culpa.

7.12.4 Cierre: Cuando dos aves construyen su vuelo

Dicen que hay aves que construyen sus nidos en pareja, no porque uno dependa del otro sino porque ambos reconocen el valor de lo que el otro aporta: Uno busca el hueco en el árbol el otro lo reviste con calor; Uno trae alimento el otro protege y cuando llega el momento de abrir el nido ninguno exige, ninguno controla: simplemente se acompañan en el vuelo.

Así también puede ser una relación cuando la dependencia se transforma en autonomía y la codependencia en colaboración, cuando uno ya no necesita que lo salven y el otro ya no necesita salvar; cuando no se ama desde la carencia ni desde el deber sino desde la elección libre y responsable.

Porque las relaciones emocionalmente responsables no son aquellas donde uno se anula y el otro decide, sino donde ambos acuerdan, crecen, se sostienen y también se sueltan cuando es necesario, en este tipo de relaciones el amor no es carga, ni deuda, ni sacrificio sino nido y trampolín a la vez.

Y tal vez eso sea amar con conciencia: no cortar las alas del otro, ni olvidarse de las propias sino aprender a volar juntos sin perder el rumbo de uno mismo.

7.13 Estrategias terapéuticas desde el enfoque psicoeducativo humanista

Abordaje de la dependencia afectiva desde el método CREO

Desde el enfoque humanista y psicoeducativo que guía este trabajo, el abordaje de la dependencia o codependencia afectiva requiere mucho más que el diagnóstico o la interpretación de patrones.

Requiere una intervención consciente, empática y colaborativa, donde los consultantes no sólo comprendan lo que les ocurre sino que participen activamente en el diseño de su proceso terapéutico.

Aquí proponemos un marco de trabajo para terapeutas que deseen acompañar procesos relacionados con la dependencia afectiva, tanto en sesiones individuales como en pareja. Este marco tiene como eje el modelo **CREO**: Centrar, Reflexionar, Elegir y Operar.

7.13.1 Centrar

¿Qué ocurre en torno a la dependencia o codependencia emocional en la pareja?

El primer paso es dar nombre a la experiencia. No se trata de encasillar sino de ayudar a los consultantes a mirar lo que está ocurriendo con honestidad, con claridad y sin culpa.

El terapeuta invita a explorar:

- ¿Qué tipo de patrones se repiten en la relación?
- ¿Hay miedo a estar solo, a perder al otro, a decepcionar, a poner límites?
- ¿Qué comportamientos pueden estar sosteniendo dinámicas desequilibradas o dolorosas?

Este momento requiere una escucha activa, libre de juicio, donde la pareja o el consultante pueda centrarse emocionalmente y abrir espacio a una mirada más amplia de su vivencia.

7.13.2 Reflexionar

¿Qué pensamientos y conductas están presentes? ¿Cómo afectan su vida personal, de pareja y familiar?

En esta etapa se abren las puertas a la introspección y la conciencia. El terapeuta facilita que cada persona:

Identifique sus creencias limitantes ("sin ti no soy nada", "yo soy quien sostiene esta relación").

Reconozca conductas que refuerzan la dependencia (control, sobreprotección, sacrificio excesivo, miedo al abandono).

Observe el impacto emocional de esas conductas en sí mismo, en la pareja y en la dinámica familiar.

Aquí no se trata de señalar culpables, sino de construir una narrativa más honesta sobre lo que cada uno ha sostenido y lo que necesita transformar.

7.13.3 Elegir

¿Qué desean cambiar, modificar o crear a lo largo del proceso terapéutico?

Elegir es un acto de libertad, pero también de responsabilidad. El terapeuta acompaña a los consultantes a identificar:

- ¿Qué cambios desean realizar tanto a nivel individual como relacional?
- ¿Qué tipo de vínculo desean construir?
- ¿Qué pensamientos y actitudes quieren dejar atrás y cuáles desean cultivar?

Este momento permite hacer conciencia de que hay elección incluso en medio del dolor, incluso con miedo.

7.13.4 Operar

¿Por dónde les gustaría empezar?

Aquí se trazan los primeros pasos concretos del proceso.

El terapeuta acompaña con sensibilidad y creatividad para que los consultantes:

Definan acciones, acuerdos, ejercicios o exploraciones específicas.

Empiecen a ensayar límites saludables.

Reformulen acuerdos y compromisos de forma más consciente.

Introduzcan prácticas que fortalezcan la autonomía emocional y la interdependencia afectiva.

Este momento es el de la acción pero no desde la exigencia, sino desde la coherencia con lo que se ha nombrado y elegido.

Amar con conciencia no es depender ni salvar, es elegirnos y elegir al otro desde la libertad.

Capítulo 8.

Necesidades psicoafectivas relacionales.

Una sistematización clínica que ayuda a las parejas a fortalecer sus vínculos.

8.1 La complejidad emocional de vivir con el otro.

Estar en pareja no consiste únicamente en compartir afecto, tiempo o proyectos. Implica también asumir la complejidad emocional de convivir con otro ser humano; con su propio mundo interior; historia; heridas; recursos y anhelos y en medio de esa complejidad, se hace imprescindible una brújula: el reconocimiento de las necesidades psicoafectivas relacionales.

En 1943 Abraham Maslow, presentó su célebre teoría sobre la motivación humana. En ella propuso una jerarquía de necesidades que va desde las más básicas (como el hambre o el descanso) hasta las más elevadas, como la autorrealización o la trascendencia. Inspirado en esa visión y tras años de trabajo terapéutico con personas y parejas, identifiqué un conjunto de siete necesidades psicoafectivas fundamentales que aparecen recurrentemente como pilares de las relaciones funcionales.

Estas necesidades no surgieron al azar. Fueron detectadas entre los años 2012 y 2013, a partir del trabajo con los primeros grupos del curso *Mujeres Emocionalmente Responsables*, en el que participaron más de cien mujeres. A ellas les preguntamos directamente cuáles eran sus necesidades psicoafectivas en torno a la vida de pareja y cómo las jerarquizaban. El resultado de ese proceso fue el reconocimiento claro de siete dimensiones profundamente humanas que, desde entonces, se han mantenido como constantes en mi trabajo clínico y formativo.

A continuación, se describen estas siete necesidades, invitando a la reflexión conjunta para identificar cuáles están siendo cubiertas, cuáles requieren atención y qué pueden hacer ambos miembros de la relación para fortalecerlas.

8.2 Las siete necesidades fundamentales

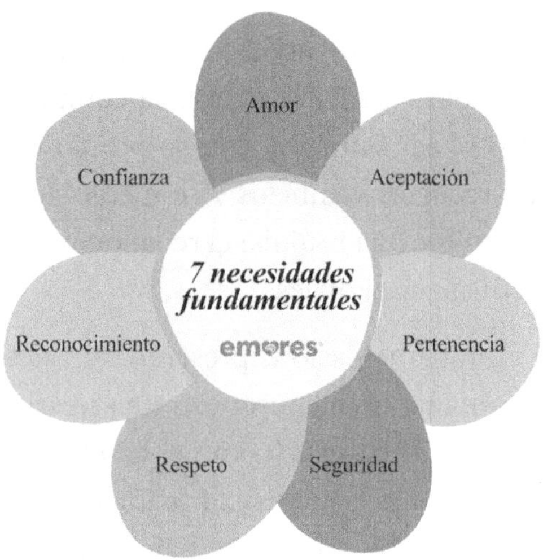

1. Amor

Más que una emoción pasajera, el amor en pareja es una decisión cotidiana de cuidado, atención y presencia. Es el suelo fértil donde germinan otras necesidades. El amor se demuestra no sólo con palabras sino con gestos consistentes que hacen sentir al otro valioso, visto y elegido.

2. Aceptación

Toda persona necesita sentirse aceptada tal como es, sin exigencias constantes de cambio ni juicios que reduzcan su valor. La aceptación no implica conformismo sino el reconocimiento honesto de quién es el otro, con sus luces y sombras.

3. Pertenencia

Sentir que se pertenece a una relación, a un "nosotros" que se construye día con día, es vital para sostener la conexión emocional. La pertenencia se cultiva con rituales, acuerdos, compromisos y espacios compartidos.

4. Seguridad

La seguridad no sólo es física, sino también emocional: saber que el otro no nos va a dañar, traicionar, ni exponer. Las parejas emocionalmente responsables cuidan su vínculo como se cuida un refugio: reforzándolo, protegiéndolo y habitándolo con presencia.

5. Respeto

Sin respeto, no hay relación saludable. Respetar es validar la diferencia, cuidar la dignidad del otro y abstenerse de actitudes o palabras que hieran innecesariamente. El respeto es una forma madura de amar.

6. Reconocimiento

Ser visto, valorado, nombrado y celebrado por quien amamos es una fuente poderosa de vitalidad en la relación. El reconocimiento nutre la autoestima, fortalece el vínculo y dignifica los esfuerzos compartidos.

7. Confianza

Es la base invisible que sostiene todo lo demás. La confianza se construye con congruencia, coherencia y compromiso. Una vez dañada puede recuperarse pero, requiere voluntad, tiempo y reparación consciente.

Estas siete necesidades son universales. Aparecen con independencia del modelo de relación; la orientación sexual o la etapa del vínculo. Están presentes tanto en quienes viven relaciones armoniosas como en quienes enfrentan dificultades pero sobre todo, su nivel de satisfacción o carencia tiene un profundo impacto en la salud emocional de la pareja.

8.3 Necesidades Psicoafectivas Relacionales

Una propuesta para el diálogo

En el año 2024, diseñé un recurso terapéutico titulado *Parejas Emocionalmente Responsables:* un juego compuesto por 52 tarjetas ilustradas con preguntas y reflexiones. Este material emergió de una sistematización empírica —no científica, pero clínicamente válida— basada en las necesidades que, con mayor frecuencia, expresaban mis consultantes y las parejas que consultaba en terapia. Cada tarjeta representa una necesidad psicoafectiva relacional específica, redactada en un lenguaje claro, emocional y orientado al diálogo.

Aunque originalmente fue concebido como un juego físico, en esta edición ha sido adaptado para su lectura y exploración dentro del libro con el objetivo de no perder su esencia vivencial sino transformarla en una experiencia reflexiva, íntima y profunda que sirva como punto de partida para conversaciones honestas; acuerdos conscientes y construcción conjunta de una relación emocionalmente responsable.

Este recurso puede utilizarse de manera individual o en pareja. Lo recomendable es que cada persona lea con atención cada necesidad, reflexione y califique del 0 al 10 qué tan cubierta la percibe dentro de la relación, después, ambas personas pueden compartir sus respuestas, conversar sobre coincidencias y diferencias y proponer acciones de mejora o fortalecimiento.

8.4 Crear un ambiente propicio

Antes de iniciar, es fundamental establecer el cumplimiento de acuerdos básicos: respeto mutuo; apertura emocional; escucha activa y disposición al diálogo. La retroalimentación debe compartirse con cuidado, evitando críticas hirientes o posturas defensivas. Este espacio no es para señalar culpables, sino para mirar lo que hay, lo que falta y lo que se desea construir.

Durante la dinámica podrían surgir incomodidades. Tal vez descubras algo de ti que no te guste, o escuches de tu pareja algo difícil de asimilar. Si eso ocurre, puedes preguntarte: *¿Qué necesito en este momento para gestionar lo que siento sin huir ni atacar?* Hacer una pausa, respirar o retomar más tarde también es válido, siempre que se mantenga el compromiso emocional de continuar.

Esta herramienta no es una fórmula ni una evaluación rígida. Es una invitación a mirar con honestidad, a escucharse con ternura y a conversar con responsabilidad.

8.5 ¿Autogestión o acompañamiento profesional?

Este ejercicio puede realizarse de manera autónoma entre los miembros de la pareja. Sin embargo, contar con el apoyo de un especialista —psicólogo, terapeuta, coach o facilitador emocional— puede enriquecer la experiencia, especialmente si emergen temas sensibles o puntos de conflicto.

El acompañamiento profesional aporta contención, claridad y estructura al diálogo también permite traducir lo hablado en acuerdos prácticos y sostenibles. No es imprescindible pero puede marcar una gran diferencia.

8.6 Método CREO®

Como guía práctica para facilitar este proceso, usemos el método **CREO®**, que presenté en el capítulo cuatro desarrollado dentro del modelo EMORES®. Esta herramienta ofrece una estructura clara y profunda para abordar conversaciones significativas en pareja.

Centrar. Preparar el espacio emocional y logístico: definir lugar, tiempo, reglas del diálogo y objetivos compartidos.

Reflexionar. Leer y responder cada necesidad de forma sincera. Observar lo que despierta: emociones, tensiones, deseos o vacíos.

Elegir. Tomar decisiones a partir de lo descubierto, ¿qué queremos conservar, fortalecer o transformar?

Operar. Traducir lo hablado en acciones visibles y sostenibles: gestos, cambios de hábito, compromisos prácticos.

CREO® puede seguirse de forma rigurosa o flexible, lo importante es que facilite el paso de la conciencia a la acción amorosa.

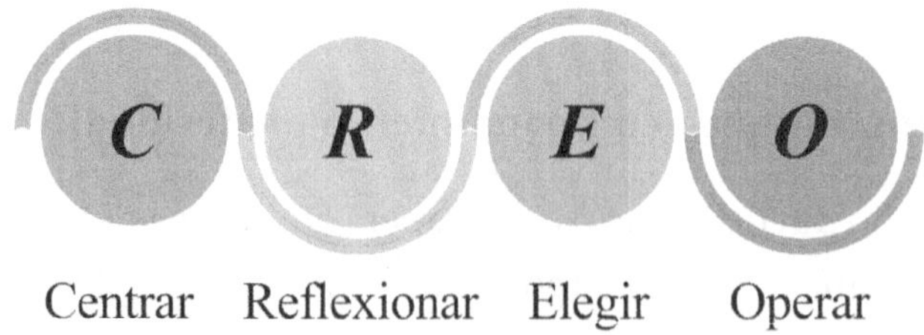

8.7 Preguntas para preparar el terreno

Antes de comenzar puede ser útil responder juntos algunas preguntas que preparen el camino:

– ¿Qué necesitamos para realizar esta dinámica con atención y entrega? – ¿Qué podríamos hacer para crear un ambiente de interés y disposición? – ¿En qué momento del día o de la semana sería más conveniente llevarla a cabo? – ¿Qué espacio físico nos haría sentir cómodos, relajados y conectados? – ¿Cuánto tiempo queremos destinarle? ¿Lo haremos en una sola sesión o en varias? – ¿Qué metas emocionales o vinculares nos gustaría lograr con este ejercicio?

Responderlas permite alinear expectativas; establecer límites sanos y asumir el encuentro como un acto de cuidado mutuo.

8.8 Formas de aplicar este ejercicio

Este libro también puede jugarse aunque no encontrarás tarjetas físicas, tienes en tus manos una herramienta poderosa para diseñar tu propia dinámica. Aquí algunas sugerencias:

Elegir una necesidad al azar y usarla como tema de conversación.

Leerlas todas y ordenarlas según su nivel de satisfacción actual en la relación.

Seleccionar las diez más importantes para cada integrante y compartirlas.

Identificar las necesidades que cada uno cree cubrir y escuchar la percepción del otro.

Elegir una o dos necesidades prioritarias por semana o por mes para trabajarlas intencionalmente.

Estas son sólo propuestas. Cada pareja puede adaptarlas o reinventarlas, lo importante no es cómo se haga sino hacerlo con conciencia, con afecto y con la voluntad de crecer juntos.

Porque este capítulo no fue escrito sólo para leerse. Fue creado para escucharse, abrirse, dialogarse y si se le permite también para transformarse.

8.9 Las 52 Necesidades Psicoafectivas Relacionales

A continuación, se presentan las 52 necesidades psicoafectivas relacionales que conforman este recurso, cada una con su descripción y preguntas clave para el diálogo.

Acuerdos, Admiración, Afinidad, Agradecimiento, Alegría, Amor, Apertura, Apoyo, Autonomía, Comprensión, Comunicación, Confianza, Consuelo, Conversación, Convivencia, Detalles, Disponibilidad, Diversión, Elogio, Empatía, Equidad, Escucha, Espiritualidad, Esparcimiento, Estabilidad, Familia, Felicidad, Fidelidad, Flexibilidad, Generosidad, Honestidad, Humor, Independencia, Lealtad, Optimismo, Perdón, Presencia, Prosperidad, Prudencia, Realización, Reciprocidad, Reconocimiento, Respeto, Responsabilidad, Salud, Seguridad, Sexualidad, Sinceridad, Tolerancia, Unión, Valentía y Visión.

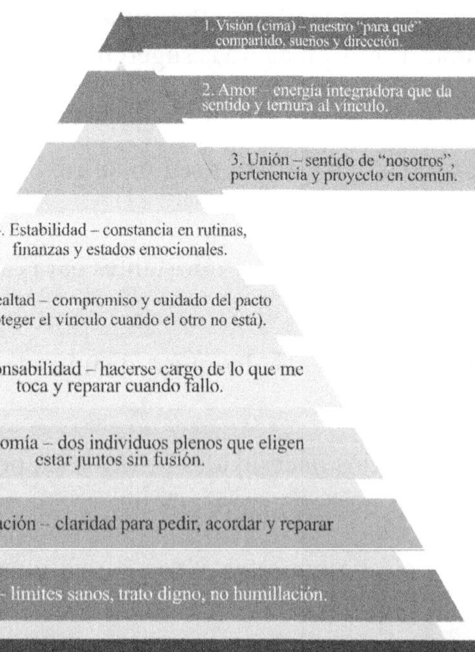

1.- ACUERDOS

Los acuerdos no son necesidades impuestas sino pactadas. Son un recurso para establecer cómo se llevará la relación en aspectos como la sexualidad, la convivencia, las tareas, las aportaciones y todo lo que la conforme. Los acuerdos establecen el qué, el cómo, el cuándo, el dónde y quiénes participan, así como las expectativas de ambos y la manera de medir la efectividad. Si algo no está funcionando, vuelvan a los acuerdos para fortalecerlos, renovarlos o replantearlos.

Conversación Método CREO®

Centrar

1. ¿Qué necesitamos hoy para generar el clima adecuado que nos permita hablar de nuestros acuerdos con apertura y serenidad?

____

____

Reflexionar

2. ¿Qué acuerdos actuales sentimos que fortalecen nuestra relación y cuáles ya no responden a lo que somos ni a lo que necesitamos?

____

____

Elegir

3. ¿Qué acuerdo concreto queremos renovar, fortalecer o crear para cuidar mejor nuestra relación?

____

____

Operar

4. ¿Qué acción práctica, medible y realista vamos a tomar cada uno para que ese acuerdo se cumpla?

____

____

5. ¿Cómo y cuándo verificaremos juntos si este acuerdo está funcionando y qué haremos si necesitamos ajustarlo?

____

____

2.- ADMIRACIÓN

El amor se sustenta en la admiración. Cuando estamos enamorados vemos con especial agrado las cualidades y virtudes de nuestra pareja y nuestra atención no se centra en sus errores sino en aquellos que miramos con aprecio.

Maravíllate al observar sus aciertos y encantos, dile lo que admiras de él o ella, no dejes de admirar a tu pareja.

Conversación Método CREO®

Centrar

1. ¿Qué disposición necesito hoy para mirar a mi pareja con ojos de aprecio y no de crítica?

____

____

Reflexionar

2. ¿Qué cualidades, virtudes o acciones de mi pareja reconozco como valiosas y me llenan de orgullo?

____

____

Elegir

3. ¿Qué manifestación concreta de admiración quiero expresar a mi pareja en los próximos días?

____

____

Operar

4. ¿Cómo voy a demostrar esa admiración con palabras, gestos o actitudes visibles?

____

____

5. ¿De qué manera notaremos ambos que la admiración se está nutriendo en nuestra relación?

____

____

3.- AFINIDAD

La afinidad no sólo se trata de gustos coincidentes sino también de elecciones conscientes. Sin perder la autenticidad de tu forma de ser, pensar y actuar, puedes adoptar algunos gustos de tu pareja no porque "tienes que" sino como una elección voluntaria y de esta manera aumentar la afinidad. Por ejemplo, puedes elegir compartir gustos en música, comida, deporte y otras actividades.

Conversación Método CREO®

Centrar

1. ¿Qué actitud necesito hoy para abrirme a descubrir o redescubrir afinidades con mi pareja?

____

____

Reflexionar

2. ¿Qué intereses, actividades o valores ya compartimos y nos hacen sentir cercanía y complicidad?

____

____

Elegir

3. ¿Qué nueva actividad, gusto o experiencia quiero elegir conscientemente compartir con mi pareja?

____

____

Operar

4. ¿Cómo vamos a integrar esa afinidad en nuestra vida cotidiana de manera práctica y disfrutable?

____

____

5. ¿Qué señales nos mostrarán que esta afinidad está fortaleciendo nuestra conexión como pareja?

____

____

4.- AGRADECIMIENTO

Decir "gracias" es un buen comienzo pero es necesario expresarlo de manera sentida. Agradecemos como una forma de corresponder a una deuda moral, por un favor recibido pero también podemos agradecer gratuitamente. Expresa agradecimiento por estar en la relación, por las atenciones que recibes, por la compañía y el apoyo.

Conversación Método CREO®

Centrar

1. ¿Qué disposición interior necesito cultivar para reconocer lo valioso de mi pareja y de nuestra relación?

____

____

Reflexionar

2. ¿Qué gestos, apoyos o detalles recientes de mi pareja me han generado gratitud auténtica?

____

____

Elegir

3. ¿De qué manera específica quiero expresar mi agradecimiento para que mi pareja lo reciba con claridad?

____

____

Operar

4. ¿Qué acción o palabra concreta realizaré esta semana para mostrar gratitud a mi pareja?

____

____

5. ¿Cómo notaremos ambos que el agradecimiento está fortaleciéndose en nuestra relación?

____

____

5.- ALEGRÍA

Necesitamos más alegría como energía vital y transformadora. La alegría emana porque viene del alma y un alma contenta en la vida genera más momentos alegres. Deja que tu niño interior te llene de alegría, digan adiós al mal genio y den la bienvenida a la alegría.

Conversación Método CREO®

Centrar

1. ¿Qué necesito hacer hoy para abrirme a la alegría y permitir que esté presente en nuestra relación?

___

___

Reflexionar

2. ¿Qué momentos recientes nos han hecho reír, disfrutar o sentirnos ligeros como pareja?

___

___

Elegir

3. ¿Qué actividad, juego o experiencia queremos elegir conscientemente para nutrir nuestra alegría juntos?

___

___

Operar

4. ¿Cómo vamos a integrar más espacios de diversión o espontaneidad en nuestra vida cotidiana?

---

5. ¿Qué indicadores nos mostrarán que la alegría se está convirtiendo en un hábito en nuestra relación?

6.- AMOR

El amor es un sentimiento de apego que nos une como pareja. Decimos que amamos cuando la otra persona realmente nos importa y le damos atención, comprensión y cariño. Amar implica respeto por lo que la indiferencia, el control, el desinterés y el maltrato no son actos congruentes con el amor. Quien ama confía, cuida y procura.

Conversación Método CREO®

Centrar

1. ¿Qué necesito hoy para conectarme con la esencia de nuestro amor y abrirme a expresarlo con autenticidad?

____

____

Reflexionar

2. ¿Qué gestos, palabras o actitudes de mi pareja me han hecho sentir amado en este tiempo?

____

____

Elegir

3. ¿De qué manera concreta quiero expresar mi amor para que mi pareja lo perciba de forma clara y significativa?

____

____

Operar

4. ¿Qué acción cotidiana realizaré esta semana como demostración palpable de mi amor?

____

____

5. ¿Cómo sabremos ambos que nuestro amor está fortaleciéndose en la práctica diaria de la relación?

____

____

7.- APERTURA

Es común caer en la monotonía en la pareja siguiendo rutinas año tras año. La apertura implica proponer cambios como pareja y evaluar juntos los pros y los contras: Explorar nuevos lugares, nuevos amigos, nuevas actividades.

Conversación Método CREO®

Centrar

1. ¿Qué disposición necesitamos hoy para abrirnos a nuevas experiencias sin miedo ni resistencia?

____

____

Reflexionar

2. ¿En qué áreas de nuestra relación hemos caído en la rutina y qué sentimientos nos genera?

____

____

Elegir

3. ¿Qué novedad o cambio queremos incorporar conscientemente para nutrir nuestra relación?

____

____

Operar

4. ¿Qué acción práctica realizaremos esta semana para dar un paso hacia mayor apertura?

____

____

5. ¿Cómo revisaremos juntos si esta acción está ampliando nuestra conexión y apertura en la relación?

____

____

8.- APOYO

Sentirse apoyada o apoyado en la pareja es sensacional, es una de las muestras más significativas del amor pero necesitarlo en exceso provoca dependencia en la relación de pareja.

Conversación Método CREO®

Centrar

1. ¿Qué necesitamos hoy para hablar del apoyo en nuestra relación con apertura y sin juicios?

____

____

Reflexionar

2. ¿En qué momentos recientes me he sentido apoyado por ti y en cuáles me hubiera gustado más respaldo?

____

____

Elegir

3. ¿Qué forma específica de apoyo queremos priorizar como pareja en este tiempo?

____

____

Operar

4. ¿Qué acción concreta realizará cada uno para brindar el apoyo que el otro necesita?

___

___

5.¿Cómo daremos seguimiento juntos para comprobar que ese apoyo se está haciendo presente en la relación?

___

___

9.- AUTONOMÍA

La autonomía es la capacidad de pensar, sentir y tomar decisiones de manera libre y responsable. Permitir la autonomía es aceptar la libertad de la otra persona. En la pareja es importante permitir que la otra persona sea quien es, en un marco de responsabilidad.

Conversación Método CREO®

Centrar

1. ¿Qué disposición necesitamos hoy para conversar sobre nuestra autonomía con respeto y confianza mutua?

____

____

Reflexionar

2. ¿En qué aspectos siento que mi autonomía se respeta en nuestra relación y en cuál percibo límites innecesarios?

____

____

Elegir

3. ¿Qué espacio personal o de decisión propia queremos proteger o fortalecer para cuidar nuestra autonomía?

____

____

Operar

4. ¿Qué acción práctica realizaremos para apoyar la autonomía de cada uno dentro de la relación?

____

____

5. ¿Cómo revisaremos juntos si estamos logrando un equilibrio sano entre cercanía y autonomía?

____

____

10.- COMPRENSIÓN

Para comprender a la pareja es necesario escuchar atentamente, creando un espacio para la conversación. Comprender no implica estar de acuerdo o aprobar la posición de la otra persona. Cuando practicamos la comprensión estamos poniendo a prueba nuestra capacidad de apertura, flexibilidad y empatía: sentirse comprendido por la pareja es sentirse amado.

Conversación Método CREO®

Centrar

1. ¿Qué actitud necesitamos hoy para escucharnos con empatía y buscar comprendernos más allá de estar de acuerdo?

____

____

Reflexionar

2. ¿Cuándo me he sentido realmente comprendido por ti y qué hizo que esa experiencia fuera significativa?

____

____

Elegir

3. ¿Qué gesto o práctica concreta podemos elegir para aumentar la comprensión en nuestra relación?

____

____

Operar

4. ¿Qué acción realizaremos cada uno para demostrar comprensión, incluso en medio de diferencias?

____

____

5. ¿Cómo evaluaremos juntos si estamos logrando mayor comprensión en nuestra comunicación diaria?

____

____

Principio del formulario

11.- COMUNICACIÓN

La comunicación en la pareja implica compartir ideas, puntos de vista, planes, decisiones, necesidades o deseos. Hay relaciones de parejas que se van muriendo por la falta de comunicación. La comunicación necesita ser directa, clara, sincera, honesta e intencionalmente objetiva.

Conversación Método CREO®

Centrar

1. ¿Qué necesitamos hoy para crear un ambiente seguro donde podamos comunicarnos con sinceridad y calma?

____

____

Reflexionar

2. ¿Qué aspectos de nuestra comunicación actual funcionan bien y cuáles generan distancia o malos entendidos?

____

____

Elegir

3. ¿Qué forma de comunicación queremos priorizar o fortalecer para mejorar nuestra relación?

____

____

Operar

4. ¿Qué acción específica realizaremos para que nuestra comunicación sea más clara, respetuosa y cercana?

____

____

5. ¿Cómo daremos seguimiento para saber si nuestra comunicación está mejorando en el día a día?

____

____

12.- CONFIANZA

Confiar implica arriesgarse conlleva depositar la fe en la otra persona; la confianza es ciega porque no se sabe qué se obtendrá a cambio de ella, es como una fina pieza de porcelana que debe cuidarse y procurarse porque al caerse, se podría quebrar y ya nada sería igual.

Una vez que se sinceren ofrézcanse disculpas, creen acuerdos y reparen el daño si es necesario.

Conversación Método CREO®

Centrar

1. ¿Qué necesitamos hoy para hablar de la confianza con apertura, sin defensividad ni reproches?

____

____

Reflexionar

2. ¿Qué momentos recientes han fortalecido mi confianza en ti y cuáles la han puesto en duda?

____

____

Elegir

3. ¿Qué decisión conjunta podemos tomar para cuidar y fortalecer la confianza en nuestra relación?

____

____

Operar

4. ¿Qué acción concreta asumirá cada uno para demostrar confiabilidad y coherencia en el vínculo?

___

___

5. ¿Cómo vamos a dar seguimiento juntos para verificar que la confianza se mantiene y se refuerza con el tiempo?

___

___

13.- CONSUELO

El consuelo es el descanso que podemos encontrar en el otro. Es un apapacho de amor, cuidado y comprensión que necesitamos recibir cuando la hemos pasado mal. Necesitamos recibir consuelo ante las pérdidas tangibles e intangibles, no es el consuelo de los amigos o de los familiares sino el de la pareja el que nos ayudará a restablecernos. Recibir consuelo es recibir amor.

Conversación Método CREO®

Centrar

1. ¿Qué necesitamos hoy para abrirnos a hablar del consuelo sin juicios ni reservas, sólo con ternura?

____

____

Reflexionar

2. ¿En qué situaciones recientes me sentí consolado por ti y en cuáles extrañé más tu apoyo emocional?

____

____

Elegir

3. ¿De qué manera concreta queremos expresar y recibir consuelo en los momentos difíciles?

____

____

Operar

4. ¿Qué acción específica realizará cada uno para brindar consuelo cuando el otro lo necesite?

____

____

5. ¿Cómo comprobaremos juntos que el consuelo está siendo parte viva y constante de nuestra relación?

____

____

14.- CONVERSACIÓN

Para conversar, primero hay que tener voluntad y poner todos los sentidos en favor del diálogo. Las conversaciones pueden variar: ir desde las superficiales hasta aquellas que requieren de una mayor atención. Conversar es de ida y vuelta por ello es necesario escuchar, preguntar, asimilar y comprenderse mutuamente.

Conversación Método CREO®

Centrar

1. ¿Qué necesitamos hoy para propiciar un espacio de conversación genuina, libre de interrupciones y distracciones?

____

____

Reflexionar

2. ¿Qué tipo de conversaciones disfruto más contigo y cuáles siento que necesitamos mejorar o recuperar?

____

____

Elegir

3. ¿Qué tema pendiente o valioso queremos elegir hoy para conversar con mayor apertura y profundidad?

____

____

Operar

4. ¿Qué acción concreta haremos para cultivar más conversaciones significativas en nuestra relación?

____

____

5. ¿Cómo revisaremos juntos si nuestras conversaciones están nutriendo nuestra conexión y cercanía?

____

____

15.- CONVIVENCIA

La convivencia es fundamental para crear unidad. Pasar tiempo juntos, participar en actividades recreativas con otras parejas y compartir momentos con las familias de origen, son acciones esenciales para mantener los vínculos afectivos.

Conversación Método CREO®

Centrar

1. ¿Qué necesitamos hoy para valorar y disfrutar más los momentos de convivencia en pareja?

____

____

Reflexionar

2. ¿Qué actividades compartidas nos hacen sentir más unidos y cuáles hemos descuidado con el tiempo?

____

____

Elegir

3. ¿Qué espacio o actividad de convivencia queremos priorizar para fortalecer nuestro vínculo?

____

____

Operar

4. ¿Qué acción concreta realizaremos esta semana para crear o cuidar un momento especial de convivencia?

____

____

5. ¿Cómo sabremos que nuestra convivencia está nutriendo la relación y generando más conexión?

____

____

16.- DETALLES

Dar o recibir detalles en la vida de la pareja es de lo más hermoso." Guardé un postre para ti". "Te compré una taza, porque sé que te gustan". Una llamada sorpresa también es un detalle. Los detalles son como el rocío que hace más hermosa la mañana.

Conversación Método CREO®

Centrar

1. ¿Qué necesitamos hoy para abrirnos a dar y recibir detalles desde la autenticidad y no por costumbre?

____

____

Reflexionar

2. ¿Qué detalles recientes de mi pareja me han hecho sentir amado y cuáles me gustaría cultivar más?

____

____

Elegir

3. ¿Qué tipo de detalle quiero elegir ofrecer a mi pareja esta semana para sorprenderle con cariño?

____

____

Operar

4. ¿Qué acción concreta realizaré para demostrar con un detalle mi atención y cuidado hacia ti?

____

____

5. ¿Cómo sabremos juntos que los detalles están nutriendo nuestra relación y fortaleciendo nuestra conexión?

____

____

17.- DISPONIBILIDAD

Estar en pareja implica querer disponer de tiempo para convivir; para comunicarse; divertirse; viajar y estar el uno con el otro. Estar disponible significa "estoy para mí y estoy para ti". Una persona que todo el tiempo está ocupada y raras veces tiene momentos para compartir con la pareja, en el fondo no está disponible para vivir una relación amorosa. Conversen un momento sobre la disponibilidad que han tenido para la relación y sobre lo que ambos necesitan.

Conversación Método CREO®

Centrar

1. ¿Qué necesitamos hoy para conversar sobre nuestra disponibilidad con apertura y honestidad?

____

____

Reflexionar

2. ¿En qué momentos recientes sentí que estabas disponible para mí y en cuáles percibí distancia o ausencia?

____

____

Elegir

3. ¿Qué espacio de tiempo o atención queremos priorizar para aumentar nuestra disponibilidad mutua?

____

____

Operar

4. ¿Qué acción específica asumiremos cada uno para estar más presentes y disponibles en la relación?

____

____

5. ¿Cómo podremos verificar juntos que nuestra disponibilidad está creciendo y fortaleciendo el vínculo?

____

____

18.- DIVERSIÓN

Lo que divierte a uno, no necesariamente divertirá al otro. En la pareja es necesario permitir la diversión en lo que cada uno le genere felicidad, también es pactar qué actividades pueden hacer para generar alegría.

Conversación Método CREO®

Centrar

1. ¿Qué necesitamos hoy para disponernos a conversar sobre la diversión con ligereza y apertura?

____

____

Reflexionar

2. ¿Qué actividades o momentos recientes nos han generado más diversión como pareja?

____

____

Elegir

3. ¿Qué experiencia nueva o actividad queremos elegir para sumar más diversión a nuestra relación?

____

____

Operar

4. ¿Qué acción específica realizaremos esta semana para crear un espacio de diversión compartida?

____

____

5. ¿Cómo sabremos ambos que la diversión se está volviendo parte habitual y nutritiva de nuestra vida en pareja?

____

____

19.- ELOGIO

Elogiar es reconocer en la otra persona cualidades, virtudes, acciones, formas de ser o actuar positivas que resaltan y son agradables a los demás. Podemos elogiar la manera de hablar, de vestir, de comportarse de nuestra pareja no importa que ya lo hayamos dicho alguna vez. El elogio puede ser en privado o en público; debe ser genuino y auténtico. Cuando el elogio viene del corazón se acompaña de coherencia y congruencia. Los invito a elogiarse.

Conversación Método CREO®

Centrar

¿Qué actitud necesitamos hoy para abrirnos a dar y recibir elogios sin incomodidad ni reservas?

____

____

Reflexionar

2. ¿Qué cualidades o acciones recientes de mi pareja merecen un elogio sincero de mi parte?

____

____

Elegir

3. ¿Qué aspecto específico de mi pareja quiero reconocer con un elogio en los próximos días?

____

____

Operar

4. ¿Qué palabras o gestos concretos usaré para expresar este elogio de manera clara y auténtica?

____

____

¿Cómo notaremos juntos que el elogio está fortaleciendo la autoestima y la conexión en nuestra relación?

____

____

20.- EMPATÍA

La empatía es la capacidad de percibir (sentir emocionalmente) y asimilar (comprender cognitivamente) lo que la otra persona vive. Vivir en pareja amerita la práctica permanente, voluntaria y amorosa de la empatía. Con nadie se necesita ser más empático que con la pareja pues es una extensión de uno mismo.

La pareja es la persona que elegimos como acompañante en el viaje de la vida.

Conversación Método CREO®

Centrar

1. ¿Qué necesitamos hoy para escucharnos y mirarnos con verdadera empatía, sin prisas ni juicios?

____

____

Reflexionar

2. ¿En qué situaciones recientes sentí que me comprendiste emocionalmente y en cuáles extrañé más empatía?

____

____

Elegir

3. ¿Qué gesto o práctica específica queremos elegir para mostrar más empatía en nuestra relación?

____

____

Operar

4. ¿Qué acción concreta haré para demostrar empatía hacia ti en momentos de alegría y también en los de dificultad?

___

___

5. ¿Cómo sabremos que la empatía se está volviendo una práctica constante en nuestra vida de pareja?

___

___

21.- EQUIDAD

En las relaciones es fundamental considerar que actuar con equidad es tratar a la pareja respetando y teniendo en cuenta sus similitudes y diferencias. El trato debe ser justo y equitativo tanto para la mujer como para el hombre ya que las ideas, patrones, estereotipos y roles asignados por parte de la sociedad pueden afectar la salud mental o la integridad en la relación de pareja.

Conversación Método CREO®

Centrar

1. ¿Qué necesitamos hoy para hablar de la equidad en nuestra relación con apertura y sin defensividad?

Reflexionar

2. ¿En qué aspectos de nuestra vida juntos sentimos que hay trato justo y en cuáles notamos desequilibrio?

Elegir

3. ¿Qué área concreta queremos elegir equilibrar mejor para que ambos nos sintamos valorados y respetados?

Operar

4. ¿Qué acción específica realizará cada uno para contribuir a una relación más equitativa?

____

____

5. ¿Cómo daremos seguimiento juntos para confirmar que la equidad está creciendo en nuestra relación?

____

____

Final del formulario

22.- ESCUCHA

¿Cuánto valor aporta la escucha en una relación? Me atrevo a decir que la escucha es una de las necesidades psicoafectivas más valoradas en cualquier tipo de relación y es un tesoro particularmente en la relación de pareja. La pareja necesita ser escuchada sin ser juzgada, la mayoría de las veces no busca consejo. Es maravilloso ver que la pareja escucha con toda la atención: mirando a los ojos y comunicando con su presencia: "Aquí estoy para escucharte". Pregunten a su pareja cómo es su tipo de escucha y qué necesitan para sentirse escuchados con plena atención. Recuerden hacerlo con atención, consideración y respeto.

Conversación Método CREO®

Centrar

1. ¿Qué necesitamos hoy para escucharnos con plena atención; sin interrupciones ni distracciones?

____

____

Reflexionar

2. ¿Cuándo me he sentido verdaderamente escuchado por ti y qué hizo que esa experiencia fuera significativa?

____

____

Elegir

3. ¿Qué hábito o práctica queremos elegir para mejorar la calidad de nuestra escucha mutua?

____

Operar

4. ¿Qué acción concreta haré para demostrar que escucho activamente a mi pareja?

---

5. ¿Cómo sabremos –ambos- que nuestra forma de escucharnos está fortaleciendo la confianza y la conexión?

23.- ESPIRITUALIDAD

Desde una perspectiva holística biopsicosocial, la espiritualidad es una experiencia filosófica, esencialmente personal y subjetiva; es una guía interna que influye en el comportamiento, la salud y el bienestar de una persona independientemente de sus creencias, costumbres o religión. Hay parejas que se sienten identificadas con las mismas creencias religiosas y se acompañan mutuamente y otras que aun teniendo diferentes ideologías religiosas logran compartir un estado de gracia espiritual; también hay parejas que no practican ninguna religión y experimentan una espiritualidad que les conforta. La espiritualidad es un estado de paz de la persona en relación con la naturaleza, con su pasado, su presente y su futuro mediante una profunda comprensión del propósito o significado de la vida y un deseo inmenso de vivir.

Conversación Método CREO®

Centrar

1. ¿Qué necesitamos hoy para abrirnos a conversar sobre nuestra espiritualidad con respeto y sin imposiciones?

____

____

Reflexionar

2. ¿Qué experiencias espirituales, personales o compartidas, nos han dado paz, propósito o sentido en la vida?

____

____

Elegir

3. ¿Qué práctica espiritual o de conexión queremos elegir cultivar juntos o de manera individual?

___

___

Operar

4. ¿Qué acción concreta realizaremos esta semana para integrar más espiritualidad en nuestra vida diaria?

___

___

5. ¿Cómo confirmaremos juntos que la espiritualidad está fortaleciendo nuestra relación y nuestro bienestar?

___

___

24.- ESPARCIMIENTO

No todo es trabajo ni tampoco es vida doméstica o familiar. La pareja necesita dedicar tiempo para viajar y explorar nuevos lugares. El esparcimiento requiere abrirse al mundo para conocer nuevas culturas y enriquecerse con experiencias que estimulen los sentidos. Darse tiempo para el esparcimiento es un antídoto contra la monotonía. Juntos también pueden compartir tiempo en actividades lúdicas, culturales, artísticas, deportivas y más que permitan mayor disfrute en la relación.

Conversación Método CREO®

Centrar

1. ¿Qué necesitamos hoy para abrirnos a hablar del esparcimiento como una necesidad legítima en nuestra relación?

____

____

Reflexionar

2. ¿Qué actividades de ocio, viajes o momentos recreativos hemos disfrutado más juntos y cuáles extrañamos?

____

____

Elegir

3. ¿Qué tipo de actividad de esparcimiento queremos elegir priorizar en este momento de nuestra relación?

____

____

Operar

4. ¿Qué acción concreta realizaremos para incluir tiempo de esparcimiento en nuestra agenda compartida?

____

____

5. ¿Cómo sabremos que el esparcimiento está renovando nuestra energía y fortaleciendo nuestra conexión como pareja?

____

____

25.- ESTABILIDAD

La estabilidad es el estado de equilibrio que las personas viven en su relación amorosa-afectiva. La falta de estabilidad se manifiesta cuando quienes integran una pareja muestran indecisión, falta de firmeza, miedo al compromiso y al futuro. Aquellos que constantemente terminan sus relaciones ante cualquier dificultad están mostrando falta de estabilidad; de igual manera sucede con quienes cambian constantemente de trabajo o de residencia. La estabilidad es fundamental porque nos permite echar raíces en la relación de pareja, tener estabilidad es poner los pies en la tierra y recordar que en la vida de pareja hay que caminar juntos; con autonomía e independencia pero siempre con una visión clara del rumbo que desean tomar.

Conversación Método CREO®

Centrar

1. ¿Qué necesitamos hoy para conversar sobre la estabilidad de nuestra relación con honestidad y confianza?

____

____

Reflexionar

2. ¿En qué momentos recientes hemos sentido estabilidad y en cuáles hemos percibido incertidumbre o inseguridad?

____

____

Elegir

3. ¿Qué decisión concreta podemos elegir juntos para fortalecer la estabilidad de nuestra relación?

___

___

Operar

4. ¿Qué acción específica realizaremos cada uno para aportar mayor equilibrio y seguridad al vínculo?

___

___

5. ¿Cómo comprobaremos juntos que nuestra relación está ganando estabilidad y firmeza con el tiempo?

___

___

26.- FAMILIA

Las personas tenemos una necesidad innata de conexión con la familia. Esto incluye tanto a la familia nuclear que creamos con nuestra pareja, como a la familia de origen de cada uno. Al unirnos en pareja elegimos el tipo de familia que deseamos crear y nadie ajeno a la relación tiene derecho a juzgarlo. También necesitamos nutrirnos de nuestra familia, por lo que no es sano que prohíban o restrinjan de ninguna manera la convivencia con la familia de origen. Tienen derecho a ser integrados en la familia de origen de su pareja desde la posición política que les corresponde.

Se trata no sólo de sentirse incluido sino de elegir y aceptar formar parte tanto de tu familia como de la familia de tu pareja.

Conversación Método CREO®

Centrar

1. ¿Qué necesitamos hoy para hablar de la familia con respeto hacia nuestras historias y vínculos de origen?

___

___

Reflexionar

2. ¿Qué experiencias familiares han fortalecido nuestra relación y cuáles han generado tensión o distancia?

___

___

Elegir

3. ¿Qué acuerdos queremos elegir respecto a la convivencia con nuestras familias de origen y la familia que estamos formando?

___

Operar

4. ¿Qué acción concreta realizaremos para cuidar la relación con nuestra familia y, al mismo tiempo, proteger nuestro vínculo de pareja?

---

5. ¿Cómo sabremos que nuestra forma de relacionarnos con la familia está siendo sana y fortalecedora para ambos?

27.- FELICIDAD

La felicidad no sólo es un estado emocional, también es una forma particular de ver la vida. En la vida de pareja, merecemos vivir en felicidad. A veces hay eventos o situaciones que nos roban la alegría y empañan nuestro estado de felicidad, pero debemos recordar que recuperar la felicidad como una actitud positiva frente a la vida es una elección personal.

Conversa con tu pareja sobre cómo pueden nutrir y fortalecer la felicidad en la relación ya que ambos son responsables de crear su felicidad.

Conversación Método CREO®

Centrar

1. ¿Qué necesitamos hoy para abrirnos a conversar sobre nuestra felicidad como pareja con sinceridad y apertura?

____

____

Reflexionar

2. ¿Qué momentos recientes nos han hecho sentir felices juntos y qué factores han disminuido nuestra felicidad?

____

____

Elegir

3. ¿Qué decisión concreta podemos elegir para aumentar la felicidad compartida en nuestra relación?

____

Operar

4. ¿Qué acción específica realizaremos, cada uno, para cultivar más felicidad en nuestra vida de pareja?

---

5. ¿Cómo notaremos –ambos- que la felicidad está creciendo y se refleja en nuestra convivencia diaria?

28.- FIDELIDAD

El significado de la fidelidad está vinculado a la lealtad. Ser fiel es parecerse en la mayor medida posible a lo original. Cuando hablamos de una copia fiel nos referimos a tomar una copia sin ninguna alteración. En el contexto de la pareja, ser fiel significa actuar con lealtad y sinceridad. La fidelidad implica cumplir los compromisos y promesas. No debemos dar por sentado que la fidelidad es sinónimo de vida de pareja. Es necesario pactar la fidelidad y contemplar los alcances de ella. Ambos deberán estar de acuerdo y asumir ese compromiso. Ser fiel implica no engañar ni traicionar al otro. A menudo, relacionamos la fidelidad sólo con la exclusividad sexual pero sus dimensiones son mucho más amplias.

Conversación Método CREO®

Centrar

1. ¿Qué necesitamos hoy para hablar de la fidelidad con confianza, claridad y respeto mutuo?

___

___

Reflexionar

2. ¿Qué significa para cada uno de nosotros la fidelidad y cómo la hemos vivido en nuestra relación?

___

___

Elegir

3. ¿Qué acuerdos queremos elegir respecto a la fidelidad para que ambos nos sintamos seguros y respetados?

____

____

Operar

4. ¿Qué acción concreta realizaré para demostrar mi compromiso con la fidelidad en nuestra relación?

____

____

5. ¿Cómo confirmaremos juntos que la fidelidad se mantiene viva y fortalece la confianza entre nosotros?

____

____

29.- FLEXIBILIDAD

Ser flexibles en la pareja implica ser comprensivos, amables y cordiales. Se trata de no competir por querer tener siempre la razón sino estar dispuestos a escuchar, reflexionar, discernir y, si es necesario cambiar de postura. La flexibilidad nos permite escuchar razones y encontrar consensos. Aunque por lo general asociamos la flexibilidad con la capacidad de movimiento, también es una forma de pensamiento y acción.

Conversación Método CREO®

Centrar

1. ¿Qué necesitamos hoy para hablar de la flexibilidad con apertura y disposición a escucharnos?

____

____

Reflexionar

2. ¿En qué situaciones recientes mostramos flexibilidad y en cuáles nos costó adaptarnos como pareja?

____

____

Elegir

3. ¿En qué aspecto de nuestra vida en pareja queremos elegir trabajar con mayor flexibilidad?

____

____

Operar

4. ¿Qué acción concreta asumirá cada uno para practicar la flexibilidad en nuestra relación?

____

____

5. ¿Cómo sabremos –ambos- que la flexibilidad está ayudando a disminuir tensiones y a fortalecer nuestra unión?

____

____

30.- GENEROSIDAD

La generosidad es una manifestación del amor y un hábito que emana del corazón de las personas. Es un acto voluntario de compartir lo que se tiene, ya sea tiempo, afecto o dinero sin esperar nada a cambio. En la generosidad, no se espera equilibrio ni reciprocidad. Las personas con este hábito dan no sólo porque tienen o pueden sino porque quieren.

Conversación Método CREO®

Centrar

1. ¿Qué necesitamos hoy para conversar sobre la generosidad desde un lugar de apertura y gratitud?

____

____

Reflexionar

2. ¿En qué momentos recientes sentí tu generosidad y en cuáles me hubiera gustado recibir más?

____

____

Elegir

3. ¿Qué forma concreta de generosidad queremos elegir cultivar más en nuestra relación?

____

____

Operar

4. ¿Qué acción específica realizaré esta semana para practicar la generosidad contigo de manera visible?

____

____

5. ¿Cómo notaremos –ambos- que la generosidad se está volviendo un hábito que fortalece nuestra relación?

____

____

Principio del formulario

31.- HONESTIDAD

La honestidad es una cualidad respaldada por verdad por lo que, para ser honestos, se necesita ser éticos y conducirse con imparcialidad. La honestidad implica congruencia entre el pensamiento, el sentimiento y la acción. Ser honestos significa expresar lo que se piensa y siente, con responsabilidad y apego a la verdad. Este valor representa una de las necesidades más apreciadas en la vida de pareja. La honestidad es fundamental porque permite que se cimenten las bases de todo el futuro de la relación. Ser honestos significa que somos transparentes con lo que pensamos y sinceros con lo que sentimos; da y permite recibir retroalimentación sobre lo que piensas y lo que tu pareja piensa de ti.

Conversación Método CREO®

Centrar

1. ¿Qué necesitamos hoy para hablar de la honestidad con apertura y sin temor a juicios?

____

____

Reflexionar

2. ¿En qué situaciones recientes sentimos que fuimos totalmente honestos y en cuáles faltó transparencia?

____

____

Elegir

3. ¿Qué aspecto específico de nuestra relación queremos elegir para fortalecer la honestidad mutua?

____

____

Operar

4. ¿Qué acción concreta asumiré para expresar mis pensamientos y sentimientos con mayor honestidad?

____

____

5. ¿Cómo verificaremos juntos que la honestidad está creciendo y creando más confianza en nuestra relación?

____

____

Final del formulario

32.- HUMOR

El humor es generador de alegría y felicidad. Algunas personas carecen del sentido del humor, otras poseen un humor ácido y hay quienes afortunadamente tienen un elevado sentido del humor y nos regalan momentos de risas y carcajadas. Independientemente de nuestra natural forma de ser frente al humor, todos podemos aportar algo para mejorar nuestro estado de ánimo con un poco de voluntad, flexibilidad y cooperación. La risa reduce el cortisol (responsable del estrés) y libera dopamina en el cerebro, un neurotransmisor que genera felicidad y bienestar. Les sugiero ver películas o series de comedia o hacer actividades que les permitan detonar el buen humor en la pareja.

Conversación Método CREO®

Centrar

1. ¿Qué necesitamos hoy para abrirnos a conversar sobre el humor con ligereza y disposición a reír juntos?

____

____

Reflexionar

2. ¿Qué momentos recientes de risa o diversión han aligerado nuestra relación y nos han acercado más?

____

____

Elegir

3. ¿Qué práctica o actividad divertida queremos elegir para integrar más humor en nuestra vida de pareja?

____

____

Operar

4. ¿Qué acción específica realizaré para aportar más humor y alegría en nuestra convivencia diaria?

____

____

5. ¿Cómo sabremos –ambos- que el humor está ayudando a aliviar tensiones y a fortalecer nuestro vínculo?

____

____

33.- INDEPENDENCIA

Autonomía, independencia y libertad son conceptos de gran importancia en la vida de pareja, tanto si se habitan como si están ajenos a ellas. La independencia se refiere al derecho y capacidad que tenemos las personas para ser libres a partir de nuestra autonomía; libres de ser, de pensar y de actuar, libres para tomar decisiones. Pensamos que cuando estamos en pareja perdemos un poco de libertad, pero en realidad podemos ganar una mayor libertad, todo dependerá de la madurez y responsabilidad emocional de ambos.

Conversación Método CREO®

Centrar

1. ¿Qué necesitamos hoy para hablar de nuestra independencia con respeto y confianza mutua?

____

____

Reflexionar

2. ¿En qué aspectos siento que mi independencia se respeta en nuestra relación y en cuáles percibo límites innecesarios?

____

____

Elegir

3. ¿Qué área de nuestra vida queremos elegir fortalecer para que cada uno pueda desarrollarse de manera independiente?

____

____

Operar

4. ¿Qué acción específica asumiré para apoyar tu independencia sin que se vea afectada nuestra conexión?

____

____

5. ¿Cómo verificaremos juntos que nuestra independencia está equilibrada con la cercanía que queremos mantener?

____

____

34.- LEALTAD

¿Has sentido lealtad de tu pareja aun en las situaciones más simples? Lealtad no significa estar de acuerdo en todo sino respaldarte, apoyarte e impulsarte a enfrentar cualquier situación. Lealtad significa "confío en ti". Cuando te sientes abandonado por otros, tu pareja está ahí para hacerte saber que cuentas con su apoyo y respaldo. La lealtad es fundamental en la familia porque crea un pacto para respaldar al clan: "Uno para todos y todos para uno". La lealtad se basa en el compromiso y la confianza mutua.

Conversación Método CREO®

Centrar

1. ¿Qué necesitamos hoy para conversar sobre la lealtad desde un lugar de confianza y apertura?

____

____

Reflexionar

2. ¿En qué momentos recientes sentí tu lealtad de manera clara y en cuáles me hubiera gustado más respaldo?

____

____

Elegir

3. ¿Qué aspecto concreto de nuestra relación queremos elegir fortalecer con mayor lealtad mutua?

____

____

Operar

4. ¿Qué acción específica asumiré para demostrar mi lealtad en lo cotidiano y en lo extraordinario?

____

____

5. ¿Cómo podremos confirmar juntos que la lealtad está siendo un pilar firme en nuestra relación?

____

____

35.- OPTIMISMO

Ser optimistas en la pareja significa adoptar una mirada apreciativa hacia todo en la vida, creando un pacto que determine mantenerse positivos ante cualquier situación por difícil que parezca. Juntos pueden encontrar formas positivas sobre cómo resolver problemas o desafíos y salir victoriosos. El optimismo se caracteriza por vestirse de alegría cuando se presentan situaciones favorables y de un posicionamiento de resignificación cuando las cosas son adversas, así usando a uno de ustedes se le dificulte mantener el optimismo el otro estará ahí para reforzar el ánimo.

Conversación Método CREO®

Centrar

1. ¿Qué necesitamos hoy para abrirnos a mirar nuestra relación desde una actitud positiva y esperanzadora?

____

____

Reflexionar

2. ¿En qué situaciones recientes mantuvimos el optimismo y en cuáles caímos en la desesperanza?

____

____

Elegir

3. ¿Qué pensamiento o práctica queremos elegir para sostener una mirada optimista en nuestra relación?

____

____

Operar

4. ¿Qué acción específica realizaré para aportar optimismo en momentos de dificultad o incertidumbre?

____

____

5. ¿Cómo sabremos –ambos- que el optimismo está siendo una fuerza que impulsa nuestra unión y resiliencia?

____

____

36.- PERDÓN

El perdón es un acto que requiere humildad; emana del alma de la persona amorosa y generosa. Cuando se ama se está dispuesto a perdonar pero perdonar no significa necesariamente que una relación deba continuar. Puede significar seguir adelante juntos, tomar un descanso para reflexionar e incluso terminar la relación si es lo mejor para ambas partes. Seguir, pausar o terminar dependerá de lo que ambos necesiten para estar bien. Perdonar no implica tolerar maltrato o injusticias sino privilegiar la salud mental, se puede perdonar cuando la persona que ha cometido el error recapacita sobre sus acciones, se arrepiente sinceramente, pide perdón, ofrece disculpas y se esmera en reparar el daño. Perdonar no es un permiso para volver a fallar. Perdonar es un acto de amor que debe ser valorado.

Conversación Método CREO®

Centrar

1. ¿Qué necesitamos hoy para hablar del perdón con humildad y sin actitudes defensivas?

____

____

Reflexionar

2. ¿Qué heridas o situaciones pasadas aún requieren perdón entre nosotros o hacia nosotros mismos?

____

____

Elegir

3. ¿Qué decisión consciente queremos elegir respecto al perdón para sanar y avanzar como pareja?

____

____

Operar

4. ¿Qué acción específica asumiré para pedir perdón o para ofrecerlo de manera genuina?

____

____

5. ¿Cómo confirmaremos juntos que el perdón está trayendo paz y renovación a nuestra relación?

____

____

37.- PRESENCIA

Estoy aquí para ti. Estoy aquí para escucharte atentamente; pase lo que pase contarás conmigo tanto en el bienestar como en las enfermedades, en los tiempos de bonanza como en las adversidades. "Estaré aquí ante cualquier circunstancia o conflicto": Estoy aquí cuando compartimos alimentos, cuando dormimos o hacemos el amor porque la presencia es estar completo para compartirse con el otro sin reservas ni limitaciones. Estar presente es crear una burbuja entre la multitud para hacer nuestro mundo aparte. Estoy para ti y siento que tú estás para mí.

Conversación Método CREO®

Centrar

1. ¿Qué necesitamos hoy para estar plenamente presentes el uno con el otro, sin distracciones ni evasiones?

____

____

Reflexionar

2. ¿Cuándo me he sentido más acompañado y presente contigo y qué hizo especial ese momento?

____

____

Elegir

3. ¿Qué práctica concreta queremos elegir para fortalecer nuestra presencia mutua en la vida diaria?

____

____

Operar

4. ¿Qué acción específica asumiré para demostrar que estoy presente contigo en lo cotidiano?

____

____

5. ¿Cómo sabremos ambos que nuestra presencia mutua está profundizando la conexión en nuestra relación?

____

____

38.- PROSPERIDAD

La escasez afecta enormemente la vida de pareja: vivir en el "no tengo", "no alcanza", "eso no", "no podemos" es agobiante; es deprimente hablar todo el tiempo de la pobreza económica. La prosperidad no significa ser millonarios sino lograr administrar correctamente el ingreso familiar. Sentir que se tiene lo suficiente y que alcanza es una forma próspera de ver la economía de la pareja y familia. Cuidar el dinero, ahorrar, invertir con prudencia y enfocarse en cómo mejorar la vida económica ayuda a la pareja a prosperar. La prosperidad implica tener una mirada de abundancia.

Conversación Método CREO®

Centrar

1. ¿Qué necesitamos hoy para hablar de la prosperidad con esperanza y sin miedo a la escasez?

____

____

Reflexionar

2. ¿Qué actitudes o decisiones pasadas han fortalecido nuestra prosperidad y cuáles la han limitado?

____

____

Elegir

3. ¿Qué meta concreta queremos elegir como pareja para construir una visión de prosperidad compartida?

____

____

Operar

4. ¿Qué acción específica realizaremos cada uno para contribuir al bienestar y la abundancia en nuestra vida común?

____

____

5. ¿Cómo confirmaremos juntos que estamos cultivando una mentalidad y un estilo de vida de prosperidad?

____

____

39.- PRUDENCIA

Prudencia y sensatez van de la mano. Ser sensato se refiere a tener la madurez mental y emocional para pensar y expresar lo que se razona y se siente, mientras que ser prudente es tener la capacidad para evaluar los riesgos antes de actuar. Ser sensato al hablar y prudente al actuar son aspectos importantes en la vida de pareja, especialmente en momentos en los que uno de los dos va a tomar decisiones que puedan afectar la relación o la familia.

Conversación Método CREO®

Centrar

1. ¿Qué necesitamos hoy para hablar de la prudencia con serenidad y apertura a escucharnos sin juzgar?

____

____

Reflexionar

2. ¿En qué momentos recientes actuamos con prudencia y en cuáles dejamos que la impulsividad guiara nuestras decisiones?

____

____

Elegir

3. ¿Qué aspecto de nuestra vida en pareja queremos elegir fortalecer con más prudencia y sensatez?

____

____

Operar

4. ¿Qué acción específica asumiré para practicar la prudencia en nuestras decisiones y conversaciones?

____

____

5. ¿Cómo sabremos ambos que la prudencia está ayudando a cuidar nuestra relación y a prevenir conflictos innecesarios?

____

____

40.- REALIZACIÓN

Para ser una pareja realizada, primero necesitan trabajar cada uno en su realización personal. De acuerdo con Abraham Maslow y su teoría de las necesidades humanas, la autorrealización es el punto más alto de la pirámide. Todos buscamos de una o de otra manera alcanzar la autorrealización. La pareja necesita avanzar de manera equilibrada, cada uno persiguiendo sus propias metas, éxitos, logros y triunfos. No conviene que ninguno se quede rezagado porque esto podría generar resentimiento y recelo por los logros del otro. Es fundamental que ambos estén enfocados en sus propios objetivos, pero también que actúen como motivadores mutuos.

Conversación Método CREO®

Centrar

1. ¿Qué necesitamos hoy para hablar de la realización personal y de pareja con apertura y apoyo mutuo?

____

____

Reflexionar

2. ¿En qué momentos recientes me he sentido realizado en mi vida personal y cómo eso ha impactado nuestra relación?

____

____

Elegir

3. ¿Qué meta personal o conjunta queremos elegir priorizar para avanzar hacia una mayor realización?

____

Operar

4. ¿Qué acción específica realizaré para apoyar mi realización y la tuya sin que una limite a la otra?

---

5. ¿Cómo confirmaremos juntos que estamos creciendo en nuestra realización individual y compartida?

41.- RECIPROCIDAD

No siempre se puede actuar con equilibrio en la vida de pareja porque esto implicaría dar lo mismo o la misma cantidad que el otro aporta sin embargo, lo que sí es posible es ser recíproco. La reciprocidad en la vida de pareja significa responder de manera adecuada a las necesidades, deseos y acciones del otro sin necesariamente igualarlas en forma, cantidad o intensidad.

Conversación Método CREO®

Centrar

1. ¿Qué necesitamos hoy para hablar de la reciprocidad con apertura y sin comparaciones destructivas?

____

____

Reflexionar

2. ¿En qué momentos recientes he sentido reciprocidad en nuestra relación y en cuáles he percibido desequilibrio?

____

____

Elegir

3. ¿Qué área concreta de nuestra relación queremos elegir equilibrar con mayor reciprocidad?

____

____

Operar

4. ¿Qué acción específica asumiré para dar y recibir de manera más equilibrada contigo?

___

___

5. ¿Cómo confirmaremos juntos que la reciprocidad está fortaleciendo la justicia y la armonía en nuestra relación?

___

___

42.- RECONOCIMIENTO

El reconocimiento es una de las necesidades básicas en la vida del ser humano e indudablemente lo es también en la vida de pareja. Nunca llenarán la necesidad de reconocimiento si no se han reconocido lo suficiente a sí mismos. Necesitan sentirse reconocidos por sus padres, por sus maestros, por sus amigos, por su pareja, pero principalmente por sí mismos, además de cuánto y cómo fue el reconocimiento que recibieron de sus padres. Quien no se ha reconocido lo suficiente o no ha sido reconocido por sus padres será un demandante excesivo de reconocimiento en la pareja.

Conversación Método CREO®

Centrar

1. ¿Qué necesitamos hoy para abrirnos a dar y recibir reconocimiento con sinceridad y sin reservas?

____

____

Reflexionar

2. ¿En qué momentos recientes me he sentido reconocido por ti y en cuáles me hizo falta ese gesto?

____

____

Elegir

3. ¿Qué aspecto específico de tu persona o de nuestra relación quiero elegir reconocer más conscientemente?

____

Operar

4. ¿Qué acción concreta realizaré esta semana para expresar mi reconocimiento hacia ti de manera clara?

---

5. ¿Cómo sabremos –ambos- que el reconocimiento está nutriendo nuestra autoestima y fortaleciendo nuestra unión?

43.- RESPETO

El respeto es una consideración de sí mismo y de la otra persona como digna y valiosa. Por lo tanto, en la pareja se deben respetar: el espacio, las pertenencias, los pensamientos y decisiones del otro. El lenguaje es un recurso que usamos para demostrar respetoasí como también existen consideraciones, posturas, gestos y actitudes que denotan el respeto que tenemos por los demás. Cuando se respeta a la pareja se procura hablar de manera asertiva sin usar sarcasmo ni formas que lastimen. Respetar también es actuar con equidad. El respeto es otra forma de referirnos al amor.

Conversación Método CREO®

Centrar

1. ¿Qué necesitamos hoy para hablar del respeto con apertura y sin actitudes defensivas?

____

____

Reflexionar

2. ¿En qué momentos recientes me he sentido respetado por ti y en cuáles percibí lo contrario?

____

____

Elegir

3. ¿Qué aspecto concreto de nuestra relación queremos elegir fortalecer con mayor respeto mutuo?

____

____

Operar

4. ¿Qué acción específica asumiré para demostrarte respeto en lo cotidiano, incluso en medio de diferencias?

____

____

5. ¿Cómo confirmaremos juntos que el respeto está siendo un pilar constante en nuestra relación?

____

____

44.- RESPONSABILIDAD

Responsabilidad es reconocer el papel que juegan las personas en su propia vida, aceptando la libertad y las consecuencias de sus decisiones y acciones. Esta toma de responsabilidad aleja a las personas del papel de víctimas. Responsabilidad significa hacer lo que corresponde en tiempo y forma. La responsabilidad lleva a decir "no" con franqueza cuando es necesario y a decir "sí" asumiendo el compromiso con lo pactado. Todo lo que se hace o no se hace en las relaciones de pareja tarde o temprano va a repercutir en la familia. Por eso es necesario considerar al otro antes de tomar decisiones de cualquier tipo. Si vivimos en pareja, parte de nuestra autonomía está comprometida en la relación. Perdemos un poco de libertad porque estamos eligiendo vivir en pareja y eso significa que asumimos un compromiso de una vida en sociedad. Tomen un momento para profundizar sobre este tema.

Conversación Método CREO®

Centrar

1. ¿Qué necesitamos hoy para hablar de la responsabilidad con apertura y sin reproches?

____

____

Reflexionar

2. ¿En qué áreas de nuestra relación hemos asumido bien nuestras responsabilidades y en cuáles hemos fallado?

____

____

Elegir

3. ¿Qué compromiso específico queremos elegir para fortalecer la responsabilidad mutua en la relación?

____

____

Operar

4. ¿Qué acción concreta asumiré para cumplir con mayor responsabilidad en nuestra vida en pareja?

____

____

5. ¿Cómo podremos comprobar juntos que la responsabilidad está generando más confianza y equilibrio en nuestra relación?

____

____

45.- SALUD

La salud no es un tema que sólo concierne a una persona en la relación también es asunto del otro. Como pareja, pueden pactar hacerse con frecuencia un chequeo para monitorear la salud y apoyarse mutuamente cuidando todas las áreas de la salud. El tipo de alimentación, el ejercicio, los tratamientos médicos, absolutamente todo es del interés del otro porque, de una u otra forma, la buena o la mala salud los va a afectar como pareja.

Conversación Método CREO®

Centrar

1. ¿Qué necesitamos hoy para hablar de nuestra salud con apertura y sin evasiones?

____

____

Reflexionar

2. ¿Qué hábitos o cuidados recientes han fortalecido nuestra salud y cuáles hemos descuidado?

____

____

Elegir

3. ¿Qué aspecto de nuestra salud queremos elegir priorizar juntos en este momento de nuestra relación?

____

____

Operar

4. ¿Qué acción concreta asumiré para cuidar mi salud y apoyar la tuya en lo cotidiano?

____

____

5. ¿Cómo verificaremos juntos que nuestra atención a la salud está fortaleciendo nuestra relación y bienestar?

____

____

46.- SEGURIDAD

La seguridad implica tener la confianza y la certeza de que contamos con un respaldo firme y sólido. En la vida de pareja, sentirse seguro es tener el respaldo de la otra persona. La inseguridad en la pareja puede causar sufrimiento innecesario. Si no hay seguridad, en la pareja prácticamente no hay nada.

Conversación Método CREO®

Centrar

1. ¿Qué necesitamos hoy para hablar de la seguridad en nuestra relación con confianza y apertura?

____

____

Reflexionar

2. ¿En qué momentos recientes me he sentido seguro a tu lado y en cuáles percibí inseguridad?

____

____

Elegir

3. ¿Qué aspecto concreto queremos elegir fortalecer para incrementar la seguridad en nuestra relación?

____

____

Operar

4. ¿Qué acción específica asumiré para generar más seguridad emocional y física en nuestra vida juntos?

____

____

5. ¿Cómo confirmaremos –ambos- que la seguridad se está consolidando como base firme de nuestro vínculo?

47.- SEXUALIDAD

La sexualidad está íntimamente relacionada con la salud. Dime de qué salud gozas y te diré cómo es tu vida sexual. Para muchos, hablar sobre sexualidad es un tabú, sin embargo, la salud y las prácticas sexuales deben ser temas naturales de conversación y atención. La sexualidad está influenciada por varios factores, incluyendo la edad, las estaciones del año (que afectan el impulso reproductivo) y por las fases lunares. La actividad sexual tiende a ser mayor durante la juventud y en la fase inicial de una relación, sin importar la edad (durante el cortejo y enamoramiento) y tiende a disminuir en la medida que la pareja se estabiliza.

Conversación Método CREO®

Centrar

1. ¿Qué necesitamos hoy para hablar de nuestra sexualidad con confianza, apertura y respeto mutuo?

____

____

Reflexionar

2. ¿En qué momentos recientes sentimos plenitud en nuestra intimidad y en cuáles hemos experimentado distancia?

____

____

Elegir

3. ¿Qué aspecto de nuestra vida sexual queremos elegir fortalecer o renovar en este momento?

____

Operar

4. ¿Qué acción específica asumiré para cuidar y enriquecer nuestra intimidad sexual?

---

5. ¿Cómo confirmaremos –ambos- que nuestra sexualidad está siendo fuente de conexión, disfrute y bienestar?

48.- SINCERIDAD

La persona sincera dice lo que en verdad piensa y siente. La sinceridad es la claridad y transparencia cognitiva y emocional con la que logramos comunicarnos asertivamente. La sinceridad muestra lo que la persona es, sin máscaras ni corazas. La sinceridad está asociada con sentimientos de afecto. En una relación de pareja ambos necesitan la absoluta sinceridad del otro para que la comunicación sea efectiva y se construya confianza. Cuando la pareja se comunica con sinceridad todo es más simple y práctico pero si prevalece la mentira todo se puede percibir como un engaño. Hay que evitar el "sincericidio", caracterizado por la brutal sinceridad sin considerar la asertividad al comunicarse.

Conversación Método CREO®

Centrar

1. ¿Qué necesitamos hoy para hablar con sinceridad plena, cuidando nuestras palabras y emociones?

____

____

Reflexionar

2. ¿En qué momentos recientes fuimos sinceros de forma constructiva y en cuáles evitamos o disfrazamos la verdad?

____

____

Elegir

3. ¿Qué área de nuestra relación queremos elegir fortalecer a través de una comunicación más sincera?

____

____

Operar

4. ¿Qué acción concreta asumiré para expresarme con sinceridad y asertividad contigo?

____

____

5. ¿Cómo confirmaremos juntos que la sinceridad está aumentando la confianza y la transparencia en nuestra relación?

____

____

49.- TOLERANCIA

La tolerancia implica aceptación y paciencia, elementos que caracterizan a la empatía. Las personas que la practican demuestran su capacidad de permitir y aceptar que otros manifiesten sus ideas, preferencias, pensamientos y/o comportamientos de manera libre. La seguridad personal es fundamental para ser tolerante. Tolerar es el primer paso para la aceptación y nada hay más grande que aceptar al otro como el ser legítimo que es. Tolerar es la antesala de la aceptación.

Conversación Método CREO®

Centrar

1. ¿Qué necesitamos hoy para conversar sobre la tolerancia con calma y apertura ante la diferencia?

____

____

Reflexionar

2. ¿En qué situaciones recientes hemos practicado la tolerancia y en cuáles nos ha costado aplicarla?

____

____

Elegir

3. ¿Qué aspecto de nuestra relación queremos elegir trabajar con mayor tolerancia mutua?

____

____

Operar

4. ¿Qué acción específica asumiré para practicar la tolerancia hacia ti en lo cotidiano?

____

____

5. ¿Cómo sabremos –ambos- que la tolerancia está ayudando a fortalecer la aceptación y la armonía en nuestra relación?

____

____

50.- UNIÓN

La unidad es una manifestación de aceptación, respeto y afecto que unifica a los miembros de una familia, equipo o sociedad. Es claro que hay diferencias de pensamientos, opiniones, conductas y formas de vida, pero en la unidad las personas no se enfocan en las divergencias, sino en las coincidencias que les permiten converger en un objetivo en común. Todos son uno y uno son todos. Todas las parejas están construyendo una familia y su unidad es el resultado de su amor.

Conversación Método CREO®

Centrar

1. ¿Qué necesitamos hoy para hablar de nuestra unión con apertura y disposición a fortalecerla?

____

____

Reflexionar

2. ¿En qué momentos recientes sentimos mayor unión como pareja y en cuáles percibimos distancia?

____

____

Elegir

3. ¿Qué decisión concreta queremos elegir para reforzar nuestra unión en este tiempo?

____

____

Operar

4. ¿Qué acción específica realizaremos para alimentar nuestra unión en lo cotidiano?

---

5. ¿Cómo confirmaremos juntos que nuestra unión se está consolidando y reflejando en nuestra vida compartida?

51.- VALENTÍA

La valentía es una cualidad humana que emana del coraje, una fuerza interna que impulsa a las personas a actuar a pesar de sus miedos o temores; se trata de una fuerza alimentada por razones y fines muy claros. La valentía es una fortaleza que permite que una persona pueda expresar su fuerza y realizar actos que para otros parecen imposibles. Una persona valiente tiene confianza y seguridad en sí misma. En una pareja la valentía es esencial. Cuando ambos son valientes están dispuestos a tomar riesgos. Se puede superar cualquier situación adversa si además de amor y unidad existe la valentía, ya sea embarcarse en un nuevo proyecto, mudarse de casa o cambiar de empleo, cualquier cambio saldrá exitoso si se aborda con valentía.

Conversación Método CREO®

Centrar

1. ¿Qué necesitamos hoy para hablar de la valentía con confianza y apertura a nuestros miedos y fortalezas?

___

___

Reflexionar

2. ¿En qué situaciones recientes mostramos valentía como pareja y en cuáles dejamos que el miedo nos detuviera?

___

___

Elegir

3. ¿Qué desafío queremos elegir afrontar juntos con más valentía?

____

____

Operar

4. ¿Qué acción específica asumiré para actuar con valentía en apoyo a nuestra relación?

____

____

5. ¿Cómo sabremos –ambos- que la valentía está fortaleciéndonos y ampliando nuestra confianza mutua?

____

____

52.- VISIÓN

Desde la tarjeta uno hasta la cincuenta y dos, todas las necesidades convergen en la visión. Una pareja que tiene visión es una pareja que se ama, que se respeta, que actúa responsablemente y que actúa con valentía hacia la dirección de lo que quieren lograr.

Es fácil quedarse en la zona de confort y es natural sentir miedo al pasar a la zona de pánico. Pero debemos tener la seguridad de que con una clara visión podemos atravesar la zona de aprendizaje y expansión para elevar el vuelo hacia las metas y objetivos más deseados.

Conversación Método CREO®

Centrar

1. ¿Qué necesitamos hoy para hablar de nuestra visión de pareja con apertura y esperanza hacia el futuro?

____

____

Reflexionar

2. ¿Qué sueños o proyectos compartidos nos han dado sentido y dirección en nuestra relación?

____

____

Elegir

3. ¿Qué meta o propósito queremos elegir como parte central de nuestra visión conjunta?

____

Operar

4. ¿Qué acción específica realizaremos para acercarnos a la visión que compartimos como pareja?

---

5. ¿Cómo confirmaremos juntos que nuestra visión se mantiene viva y orienta nuestras decisiones diarias?

Una pareja que sabe qué es lo que quiere y hacia dónde va; que tiene claros sus valores y atiende sus necesidades es una pareja que se proyecta con visión.

Estén en paz con su pasado, agradecidos con su presente y claros con el futuro que quieren crear. Mantengan la fe y la esperanza; trabajen también todos los días para construir el mañana que imaginan.

Tras explorar las 52 necesidades, pueden valorar el estado actual del vínculo con la siguiente dinámica de evaluación.

8.10 Dinámica de evaluación:

Cada integrante de la pareja responderá individualmente si percibe que esa necesidad está cubierta actualmente en su relación (Sí / No / Parcial), y luego la calificará del 1 al 10 según el nivel de satisfacción que siente en relación con esa necesidad.

Después podrán sumar ambas calificaciones y obtener un promedio conjunto. Esta herramienta no tiene intención de actuar como diagnóstico pero sí permite abrir conversaciones relevantes, facilitar acuerdos y tomar decisiones más conscientes sobre el estado actual del vínculo.

N.º	Necesidad	Calificación (Tú)	Calificación (Pareja)	Promedio
1	Acuerdos			
2	Admiración			
3	Afinidad			
4	Agradecimiento			
5	Alegría			
6	Amor			
7	Apertura			
8	Apoyo			
9	Autonomía			
10	Comprensión			
11	Comunicación			
12	Confianza			
13	Consuelo			
14	Conversación			
15	Convivencia			
16	Detalles			
17	Disponibilidad			
18	Diversión			
19	Elogio			
20	Empatía			
21	Equidad			
22	Escucha			
23	Espiritualidad			
24	Esparcimiento			
25	Estabilidad			
26	Familia			
27	Felicidad			
28	Fidelidad			
29	Flexibilidad			
30	Generosidad			
31	Honestidad			
32	Humor			
33	Independencia			
34	Lealtad			
35	Optimismo			
36	Perdón			
37	Presencia			
38	Prosperidad			

N.º	Necesidad	Calificación (Tú)	Calificación (Pareja)	Promedio
39	Prudencia			
40	Realización			
41	Reciprocidad			
42	Reconocimiento			
43	Respeto			
44	Responsabilidad			
45	Salud			
46	Seguridad			
47	Sexualidad			
48	Sinceridad			
49	Tolerancia			
50	Unión			
51	Valentía			
52	Visión			

Las necesidades psicoafectivas no son una lista que se cubre una vez y ya. Son pulsaciones constantes del alma que se activan en relación con otro ser humano. Cuando una necesidad no es atendida genera malestar, incomprensión o conflicto. Cuando se escucha, se nombra y se trabaja, se convierte en una oportunidad de conexión y madurez vincular.

No todas las parejas necesitan lo mismo en la misma etapa, pero toda pareja que desea funcionar con responsabilidad emocional necesita comprometerse a identificar sus necesidades, comunicarlas con claridad y trabajar en conjunto para atenderlas. Ese es el verdadero acto de amor adulto: cuidar el vínculo como un jardín que se riega cada día.

8.11 Recomendaciones para terapeutas

Propósito. Ofrecer pautas breves y aplicables para introducir, facilitar y cerrar la dinámica de las 52 necesidades bajo el **Método CREO®**, tanto en sesión como en tarea para casa.

1) Encuadre clínico y preparación

- **Apertura (1–2 min):** "Usaremos el Método CREO® para explorar necesidades de su relación. No buscamos tener razón sino comprendernos y acordar acciones pequeñas y sostenibles".

- **Acuerdos de seguridad:** respeto, turnos, sin interrupciones ni sarcasmo, permiso para pausar si hay escalada emocional.
- **Alcance:** no es diagnóstico; orienta prioridades y acuerdos prácticos.

2) Indicaciones y cautelas

- **Indicado**: comunicación empobrecida, evitación de conflictos, metas difusas, recaídas en acuerdos.
- **Con cautela**: duelo reciente, agotamiento severo, síntomas ansioso-depresivos activos.
- **No indicado sin intervención previa**: violencia (física/psicológica), coerción, adicciones activas sin tratamiento, riesgo suicida. Trabajar primero **seguridad y estabilización**.

3) Microintervenciones por fase CREO®

Centrar: regular y alinear intención.

"Tomen 3 respiraciones, ¿con qué actitud queremos entrar a esta conversación?"

Reflexionar: espejado y validación.

"¿Lo que escucho, es correcto?"

Elegir: foco y concreción.

"Si tuvieran que elegir ***una*** *mejora pequeña para esta semana, ¿cuál sería?"*

Operar: plan + verificación.

"¿Qué hará cada uno?, ¿cuándo, con qué frecuencia y cómo sabrán que funcionó?"

4) Manejo de obstáculos frecuentes

Crítica/defensa: pedir frases en primera persona; regla "una queja → una petición concreta".

"Siempre/nunca": anclar a hechos, tiempo y lugar.

Desbalance de poder: tiempos simétricos de palabra; protección del miembro más vulnerable.

Cansancio emocional: micropausas (90s), grounding y reanudación pactada.

5) Lectura clínica de las respuestas

Mapa de patrones: necesidades crónicamente bajas = focos de intervención (p. ej., Confianza + Honestidad + Seguridad → eje integridad/traición).

Anclas: necesidades altas se prescriben como **hábitos protectores**.

Ciclo problema: cruza "lo que falta" con "lo que hacen cuando falta" para diseñar tareas.

6) Sensibilidad y adaptaciones

- **Lenguaje inclusivo** y acuerdos acordes al tipo de vínculo.
- **Espiritualidad**: alternativas laicas/religiosas según preferencias.
- **Neurodiversidad**: consignas simples, apoyos visuales, tiempos más cortos.

7) Estructura sugerida de sesión (50–80 min)

Apertura + Centrar (5–10').

Elegir 1–2 necesidades prioritarias (5').

Ciclo CREO® por necesidad (15–25' c/u).

Operar: dos acciones pequeñas (una por persona) + **indicador de verificación**.

Cierre: refuerzo y psicoeducación breve.

8) Tareas para casa

- **Bitácora CREO®**: registrar acciones (Operar-4) y evidencias/indicadores (Operar-5).
- **Ritual semanal (20 min)**: revisar 1 necesidad + 1 acuerdo.

9) Semáforo de alerta

- **Rojo**: amenazas, descalificación grave, disclosures de violencia → detener, protocolizar seguridad/derivar.
- **Amarillo**: cierre emocional, hipervigilancia → grounding + pausa + reencuadre.
- **Verde**: autorrevelaciones con empatía, acuerdos específicos, humor sano → reforzar y anclar.

10) Ética y confidencialidad

- Explica límites de confidencialidad y resguardo de notas.
- Obtén **consentimiento informado** si se usarán bitácoras o formatos fuera de sesión.

11) Guion breve de cierre psicoeducativo

"Hoy no resolvimos todo, pero construimos lenguaje común y pasos pequeños. La relación se cuida en lo que **hacemos** entre sesiones. La próxima vez revisamos cómo les fue con las acciones y ajustamos sin culpas, con responsabilidad."

Reflexión final del capítulo

Este capítulo es una invitación a escucharte, a escuchar al otro y a escuchar la relación que construyen porque cuando se nombra lo que se necesita, se abre el camino hacia una forma más consciente, respetuosa y responsable de amar.

La pareja madura cuando las necesidades dejan de ser silencios y se convierten en acuerdos que se honran cada día.

CAPÍTULO 9.

COMUNICACIÓN ASERTIVA.

Cuando la palabra hiere más que el silencio.

9.1 Comunicación asertiva: Hablar con el corazón sin perder la firmeza

Muchas parejas no se separan por falta de amor sino por **el deterioro en la forma de comunicarse**. Las palabras mal dichas, el tono hiriente, los silencios prolongados y los gestos de desprecio pueden desgastar incluso los vínculos más sólidos.

La violencia no siempre grita; a veces se disfraza de sarcasmo, de "era broma" o de indiferencia otras veces se instala en lo que no se dice ni se valida.

Una pareja emocionalmente responsable no es la que no discute, sino la que ha aprendido a hacerlo desde el respeto. La comunicación no es sólo una herramienta relacional: **es un acto cotidiano de cuidado mutuo**.

La comunicación asertiva es el arte de expresar lo que sentimos, pensamos y necesitamos de forma clara, directa y respetuosa, sin agredir ni someternos. No se trata de lograr respuestas perfectas, sino de aprender a poner límites sin herir, a pedir sin exigir, y a disentir sin destruir. Es la capacidad de hablar con el corazón y, al mismo tiempo, mantener la firmeza que protege nuestra dignidad, sin que esto se confunda con actitudes de imposición o sumisión.

Marshall Rosenberg (2003) creador de la Comunicación No Violenta (CNV) señala que muchos conflictos surgen no tanto de lo que sentimos, sino de la manera en que lo expresamos. Una emoción mal comunicada puede volverse un proyectil, mientras que una bien expresada funciona como un puente que une a la pareja. De ahí que la verdadera asertividad radique en encontrar ese punto medio que equilibre la claridad interna con el respeto genuino hacia el otro.

En contraste con la comunicación pasiva, que por miedo al conflicto guarda todo y se convierte en un arma silenciosa que posterga la tensión o con la comunicación agresiva, que impone y hiere sin medir consecuencias, la comunicación asertiva se sitúa en el centro: es la expresión propia de la madurez emocional. Hablar con el corazón sin perder la firmeza es, en definitiva, un acto de cuidado mutuo en el que cada palabra se construye con la intención de escuchar y conectar no de destruir.

9.2 Checklist asertivo

- Habla en primera persona.
- Haz peticiones claras (positivas, específicas, observables y con marco temporal).
- Mantén tono calmado y regula tu fisiología.
- Describe conductas concretas (no etiquetas de carácter).
- Sitúa tiempo y lugar de lo que observas.
- Una petición por turno (evita sobrecargar la conversación).

9.3 Tres estilos comunicativos: lo que piensan, sienten y hacen

Comunicación pasiva

Piensa	Siente	Actúa
"Si hablo, arruino las cosas."	Ansiedad, frustración, tristeza	Se calla, cede, acumula resentimiento
"Lo que siento no importa."	Desvalorización	Prioriza al otro y se abandona a sí mismo

La pasividad emocional no evita el conflicto: lo posterga y lo intensifica. En apariencia hay paz, pero por dentro se va gestando una bomba silenciosa que tarde o temprano estallará. En este estilo, uno se diluye para sostener el vínculo pero termina perdiéndose a sí mismo y el otro, sin saberlo, deja de ver realmente con quién está.

Comunicación agresiva

Piensa	Siente	Actúa
"Yo tengo la razón."	Enojo, impaciencia	Grita, acusa, interrumpe, impone
"Si no controlo, me lastiman."	Desconfianza, hostilidad	Descalifica, ridiculiza o minimiza al otro

Comunicación asertiva

Piensa	Siente	Actúa
"Lo que necesito es valioso y lo del otro también."	Calma, auto respeto	Habla en primera persona, pide sin exigir, pone límites con respeto, negocia acuerdos

Gritar puede hacerte oír pero no te hace comprender ni ser comprendido. La agresividad genera una falsa sensación de poder pero deja a su paso heridas invisibles. En vez de acercar, aleja; en vez de resolver, impone. Una pareja donde predomina este estilo de comunicación se convierte en un campo de batalla emocional donde ambos pierden.

9.4 Fundamentos emocionales del diálogo sano

Una comunicación emocionalmente responsable se sostiene en cinco pilares:

- **Aceptación**: El otro no está para cumplir tus expectativas. Es otra persona y eso está bien.
- **Respeto**: Dignidad mutua incluso en la diferencia.
- **Escucha activa**: Presencia completa. No solo oír, sino comprender.
- **Validación emocional**: Nombrar lo que el otro siente sin deslegitimarlo.
- **Empatía**: Comprender desde el corazón. Sentir con el otro, sin anularse.

9.5 Formas sutiles de agresión en la comunicación de pareja

A veces no es lo que decimos, sino **cómo lo evitamos, lo disfrazamos o lo usamos como arma emocional**. Estas son formas frecuentes de violencia silenciosa:

Comportamiento	Descripción breve	Ejemplo o manifestación
Ley del hielo	Silencio como forma de castigo	El otro “debe adivinar” qué pasa
Ghosting emocional	Presencia física sin conexión emocional	Desaparecer de conversaciones importantes.
Sarcasmo / Ironía	Bromas que hieren, aunque se digan en tono ligero	“Sólo era una broma” que minimiza o ridiculiza.
Gestos de desprecio	Actitudes no verbales que muestran rechazo o fastidio	Miradas altivas, suspiros de fastidio, ojos en blanco
Interrupciones	Cortar la comunicación antes de tiempo	“Ya sé lo que vas a decir” o responder sin escuchar.

John Gottman (1999) advierte que **el desprecio es el mayor predictor de ruptura**. No subestimes un suspiro, una burla o un gesto.

Frente a la escalada, los antídotos son prácticos y entrenables: convertir la crítica global en queja específica, describiendo conducta y situación sin atacar la identidad ("Cuando llegas y no saludas, me siento apartado; ¿podrías saludarme al entrar?"); cultivar aprecio/afecto a diario con microexpresiones verbales y conductuales que amortigüen la negatividad ("gracias por...", notas, caricias, mirada amable); asumir tu parte, reconociendo responsabilidad ("tienes razón en que levanté la voz") y ofreciendo disculpa reparadora con intención de cambio; y tomar pausas fisiológicas de 20–30 minutos cuando hay desborde (taquicardia, pensamiento rígido), pactando una palabra/señal para detener y cuándo retomar (20–30 min.), y usando ese tiempo para autorregularse (respirar, caminar, hidratarse), no para rumiar ni preparar contraargumentos. Al volver, inicia con un aprecio o un breve resumen empático de lo que entendiste del otro y retomen la conversación con tono más calmado y peticiones claras (Gottman & Silver, 2012).

Aunque a veces minimizamos estas conductas, todas ellas dejan huella. Para profundizar en tu propio estilo comunicativo, explora la siguiente escala.

9.6 Escala de Autoevaluación: ¿Estoy siendo violento(a) al comunicarme?

Advertencia ética de seguridad: Si hay violencia física/amenazas/coerción → priorizar seguridad y ayuda profesional; estas herramientas no sustituyen intervención especializada.

Nadie nace sabiendo amar ni comunicarse con respeto. A veces repetimos patrones que normalizamos en la infancia o que aprendimos por imitación. Esta escala tiene como objetivo ayudarte a identificar formas de violencia comunicativa —desde las más explícitas hasta las más sutiles— que podrías estar ejerciendo sin darte cuenta.

Marca con honestidad la frecuencia con la que reconoces estas actitudes en ti. No se trata de juzgarte, sino de crecer.

Cada opción tiene un valor numérico:

Nunca = 0, A veces = 1, Casi siempre = 2, Siempre = 3

Al final, suma los puntos para conocer tu nivel de violencia comunicativa.

N.º	Comportamiento observado	Nunca	A veces	Casi siempre	Siempre
1	Grito cuando me siento frustrado o quiero que el otro me entienda				
2	Interrumpo o no dejo terminar a mi pareja cuando habla				
3	Hago comentarios sarcásticos o irónicos para burlarme o descalificar				
4	Comparo a mi pareja con otras personas de forma negativa				
5	Minimizo lo que siente o le digo que está exagerando				
6	Me retiro de la conversación abruptamente sin explicar por qué (ley del hielo)				
7	Le dejo de hablar durante horas o días para castigarlo(a) emocionalmente				
8	Utilizo silencios prolongados como forma de presión o control				
9	Le reprocho con tono sarcástico cosas que no me gustan				
10	Hago amenazas (directas o veladas) para que haga lo que quiero				
11	Digo "así soy yo" para evitar trabajar en mis formas de comunicar				
12	No escucho lo que me dice porque ya supongo lo que va a decir				
13	Utilizo gestos como ojos en blanco, suspiros o burlas para invalidar				

N.º	Comportamiento observado	Nunca	A veces	Casi siempre	Siempre
14	Grito desde otra habitación en lugar de acercarme a hablar				
15	Saco en cara errores pasados para ganar la discusión				
16	Llamo por apodos ofensivos o humillantes cuando me enojo				
17	Cuestiono su forma de pensar como si fuera absurda o inferior				
18	Respondo con sarcasmo cuando me habla de algo importante				
19	Le culpo por mi mal humor o por mis reacciones				
20	Invalido sus emociones diciendo cosas como "no es para tanto" o "ya supéralo"				

Responder esta escala es un acto de valentía emocional. Reconocer nuestros propios errores o actitudes violentas no nos hace malas personas, nos hace personas conscientes. El cambio comienza cuando dejamos de justificar frases como "así soy yo" y empezamos a preguntarnos: ¿así quiero seguir siendo?

Si marcaste varios ítems en "Casi siempre" o "Siempre", detente y reflexiona. Es posible que estés dañando a quien amas sin proponértelo. La buena noticia es que todo lo aprendido puede desaprenderse, y que siempre estamos a tiempo de mejorar la manera en que nos relacionamos.

Interpreta tu puntaje:

0 a 10 puntos: Comunicación saludable. Estás en buen camino. Aun así, sigue desarrollando tu conciencia y tu capacidad de escucha.

11 a 25 puntos: Presencia de micro-violencias. Aunque parezcan "normales", dañan la relación. Es momento de revisar tus patrones y abrir el diálogo.

26 a 40 puntos: Comunicación conflictiva. Hay signos claros de agresión verbal o emocional. Busca herramientas de transformación y apoyo externo.

41 a 60 puntos: Violencia verbal activa. La relación está en riesgo. Es urgente un proceso terapéutico individual o de pareja.

Recuerda: una pareja emocionalmente responsable no es la que no discute, sino la que ha aprendido a comunicarse con empatía, firmeza y cuidado mutuo.

En las siguientes páginas encontrarás herramientas para avanzar hacia una comunicación más clara, amorosa y emocionalmente responsable.

9.7 Técnicas de escucha atenta

Escuchar bien es más poderoso que responder con rapidez. Pasos para una escucha empática:

- **Atención plena**
- Sin distracciones. Mira a los ojos, baja el celular, da señales de presencia.
- **Validación emocional**
- No necesitas estar de acuerdo para decir:
- "Entiendo que eso te doliera." "Tiene sentido lo que sientes."
- **Devolución precisa**
- "¿Entonces lo que me dices es que te sentiste desplazado cuando no te avisé?"

Parafraseo + chequeo: "Lo que entiendo es ___, ¿me confirmas?"

Curiosidad guiada (2 preguntas abiertas + 1 síntesis): "¿Qué fue lo más difícil? ¿Qué te ayudaría ahora? *Entonces, lo clave es ___*".

9.8 Cómo expresar necesidades sin reclamos

Muchos gritos esconden necesidades no expresadas a tiempo.

En lugar de: "¡Nunca estás cuando te necesito!"

Di: "Necesito sentirme acompañado, sobre todo en momentos así."

Rosenberg (2003) propone un esquema sencillo:

Observación sin juicio

"Cuando llegas y no me hablas..."

Emoción sentida

"...me siento ignorado..."

Necesidad detrás

"...porque necesito conexión contigo."

Petición clara

"¿Podrías saludarme al llegar?"

Agregaremos a la propuesta de Rosenberg, **criterios de buena petición**: positiva, específica, observable y con **marco temporal**. *Ej.:* "¿Podrías **saludarme cuando llegues** y **preguntarme cómo estuvo mi día**, al menos **de lunes a jueves**?"

9.9 Ejercicio de autorreflexión

¿Cómo me comunico?

Completa la siguiente tabla con sinceridad. Elige los comportamientos que reconozcas en ti, identifica el cambio que deseas hacer y escribe un primer paso concreto que podrías dar para lograrlo.

Lo que hago	Lo que quiero cambiar	Primer paso práctico
Interrumpo y no dejo terminar.	Escuchar hasta el final sin anticiparme.	Contar hasta 3 antes de responder.
Me callo cuando algo me duele.	Expresar lo que siento con honestidad.	Decir "me dolió" en vez de guardar silencio.
Uso el sarcasmo sin darme cuenta.	Comunicarme sin doble sentido ni ironía.	Pedir retroalimentación sobre mi tono.
Sólo quiero tener la razón.	Estar abierto a otras perspectivas.	Preguntar: "¿Cómo lo ves tú?" antes de responder.
Me desaparezco cuando hay conflicto.	Permanecer emocionalmente presente.	Decir: "Necesito un momento, pero volveré a hablar."
Me cuesta pedir sin reclamo.	Hacer peticiones claras y desde la necesidad.	Usar la fórmula: "Necesito + ¿podrías...?"

Para todos estos ejemplos vamos a considerar añadir un **Indicador de verificación** (cómo sabrás que cambió) y una "**Fecha de revisión**".

¿Qué hacer si detectas violencia comunicativa en ti o en tu relación?

- Busca apoyo terapéutico especializado en relaciones.
- Hablen en un momento de calma sobre lo que ambos desean transformar.
- Establezcan acuerdos de comunicación respetuosa.
- Practiquen juntas/o técnicas de escucha y validación.

9.10 Abordaje terapéutico: recursos para psicólogos

Colegas, cuando trabajo comunicación asertiva con parejas, no intento que "resuelvan todo" en una sesión. Mi objetivo es más humilde y poderoso: que construyan un lenguaje común, reduzcan la escalada y salgan con dos microcambios observables que puedan practicar entre sesiones. A eso le llamo crear **capacidad conversacional**.

Encuadre y propósito. Al iniciar, enuncio con claridad el marco: *"Hoy no buscamos quién tiene la razón, sino entendernos y pactar cambios pequeños y sostenibles."* Acordamos turnos sin interrupciones, cero sarcasmo e insultos y establecemos desde el principio una **señal de pausa**: una palabra corta (por ejemplo, *"amarillo"*) que cualquiera puede pronunciar si nota que su activación sube. Cuando aparece la señal, pausamos y **pactamos de antemano a qué hora retomamos** (20–30 minutos). Esa pausa no es para rumiar ni preparar contraargumentos; es para **regular**: respirar, caminar, hidratarse, bajar la frecuencia cardíaca y volver con mejor tono.

Cuándo sí y cuándo no. Este abordaje es especialmente útil cuando hay malentendidos crónicos, crítica/defensa, ironías, ojos en blanco o retiro emocional. Si existen **violencia física, amenazas o coerción**, la prioridad es la **seguridad** y la **derivación**. Estas herramientas **no sustituyen** la intervención especializada de riesgo.

Estructura de sesión con el método CREO®.

Me funciona organizar la sesión en cuatro movimientos, con tiempos elásticos según la pareja:

Centrar. Dos o tres respiraciones guiadas para bajar activación y una intención compartida: *"En una palabra, ¿cómo quieren entrar a esta conversación?"* Dejo visible la señal de pausa y recuerdo el compromiso de retorno tras 20–30 minutos si alguien la usa.

Reflexionar. Les invito a describir **conducta-situación-impacto** sin juicios. Si aparece el juicio, ayudo a traducirlo a observación y necesidad. Aquí entreno de forma breve los cuatro pasos de la CNV de Rosenberg (2003): *Observación, Emoción, Necesidad, Petición.* Por ejemplo: *"Cuando entras y vas directo al celular (observación) me siento apartado (emoción) porque necesito conexión al llegar (necesidad), ¿podrías saludarme y regalarme tres minutos de charla al entrar, de lunes a jueves? (petición)".*

Elegir. De todo lo dicho, cada persona formula **una petición clara** (positiva, específica, observable, con marco temporal). Simplifico: "¿qué quieres que pase y cuándo?". Evito "deja de..." y propongo "haz X en Y momento".

Operar. Bajamos a plan: quién hará qué, cuándo y con qué **indicador de verificación** (cómo sabrán que ocurrió) y **fecha de revisión**. Lo anoto y lo repito en voz alta: ancla memoria y compromiso.

Antídotos para la escalada (Gottman & Silver, 2012) llevados a la práctica. No me quedo sólo en la alarma; practico antídotos concretos en vivo:

Queja específica en lugar de crítica global. Les enseño a describir conducta y contexto sin atacar la identidad: *"Cuando llegas y no saludas..."*, en lugar de *"siempre me ignoras"*.

Aprecio/afecto diario. Prescribo microexpresiones cotidianas (agradecimientos concretos, notas breves, contacto amable) para amortiguar la negatividad de base.

Responsabilización propia. Entreno frases de asunción de parte: *"Tienes razón en que levanté la voz; te ofrezco disculpas y voy a..."* (disculpa con intención de cambio).

Pausas fisiológicas de 20–30 minutos. Activamos la **señal acordada** ("amarillo"), fijamos **cuándo retomamos** y enseñamos qué hacer en la pausa (regular, no ensayar alegatos). Al volver, pido iniciar con un aprecio o un breve resumen empático antes de retomar el punto.

Un microciclo de reparación guiado.

— *A:* "Cuando ayer llegaste y fuiste directo al celular en la sala, me sentí ignorada; necesito conexión al llegar, ¿podrías saludarme y hablar tres minutos apenas entres, de lunes a jueves?"

— *B:* "Tienes razón: no saludé y después levanté la voz. Te ofrezco disculpas. Voy a dejar el celular en la entrada y saludarte al entrar. Si me noto tenso, digo '*amarillo*', pauso 25 minutos y regreso a las 8:30."

— *Terapeuta:* "Perfecto. El **indicador** será: 'entre lunes y jueves hubo saludo y 3 minutos de charla al llegar'. Lo revisamos la próxima sesión."

Obstáculos típicos y redirección suave.

Cuando surge la **crítica**, retomo: *"Léelo otra vez como queja específica."* Si aparece **defensa**, pido una pequeña concesión: *"Dime una parte de razón que puedas reconocer."* Ante el **desprecio** (burla, ojos en blanco), interrumpo y prescribo un **aprecio concreto** en ese momento. Si hay **retiro/stonewalling**, hacemos pausa acordada y comprometemos hora de retorno: *"Necesito una pausa; vuelvo a las 7:15 y retomamos donde estábamos."*

Seguimiento sin burocracia.

Abro y cierro la sesión pidiendo una calificación de 0 a 10 del **clima de conversación**. Entre sesiones, les pido llevar tres datos simples: (a) cuántas **peticiones** se cumplieron, (b) cuántas **pausas** se hicieron, si retornaron en hora y (c) cuántos **aprecios** explícitos hubo por día. No es control sino retroalimentación rápida para ajustar.

Tareas para casa que sí se hacen.

Me funciona prescribir sólo una o dos a la vez:

Ritual de aprecio 5×5: cinco agradecimientos al día, cinco días seguidos.

Escucha 10-10-10: diez minutos habla A (B sólo escucha), diez habla B, diez de síntesis y una petición por persona.

Peticiones CNV "SMART": cada uno redacta dos peticiones con indicador y fecha de revisión.

Bitácora de pausas: anotar cuándo se dijo "amarillo", qué se hizo para regular y si se cumplió la hora de retorno.

Adaptaciones y cuidado.

Con neurodiversidad, ofrezco guiones escritos, apoyos visuales y consignas unívocas con tiempos breves. Con trauma, priorizo seguridad y ventana de tolerancia antes de tocar contenido sensible. En teleterapia, acordamos reglas (cámara encendida, entorno sin interrupciones) y una señal visual para la pausa. Ajusto lenguaje y acuerdos al modelo de vínculo y al contexto cultural.

Ética y cierre.

Recuerdo límites de confidencialidad y pido consentimiento si usarán registros/bitácoras. Mantengo neutralidad activa protegiendo al miembro más vulnerable cuando haya asimetrías de poder. Si emergen señales de riesgo, detengo la técnica y activo protocolo de seguridad y derivación. Cierro con un mensaje breve: *"Hoy practicaron un modo distinto de hablarse: una queja específica, un aprecio diario, hacerse cargo de una parte y pausar a tiempo. La relación mejora con lo que hagan entre sesiones. La próxima vez revisamos indicadores y ajustamos sin culpas, con responsabilidad."*

Reflexiones del capítulo

Una pareja emocionalmente responsable no es la que no discute, sino la que ha aprendido a hacerlo desde el respeto. Sabe que lo importante no es "tener la razón", sino construir una razón juntos.

Hablar bien no es adornar las palabras sino limpiar la intención. La comunicación asertiva no busca evitar el conflicto sino abordarlo con empatía y claridad.

Como señala la psicóloga Olga Castanyer, "la asertividad es una forma de vivir en la que uno se respeta a sí mismo y respeta a los demás".

Cuando aprendemos a comunicarnos desde este lugar, transformamos las conversaciones en espacios de encuentro y crecimiento mutuo.

Hablar con responsabilidad emocional es un acto de amor que se aprende, se entrena y se honra.

Capítulo 10.

Gestión y resolución de conflictos en la relación de pareja.

Cómo gestionar los conflictos sin romper el vínculo.

10.1 Introducción: El conflicto no es el enemigo

Advertencia ética de seguridad

Si hay violencia física, amenazas o coerción, prioriza tu seguridad y busca ayuda profesional especializada. Las herramientas de este capítulo no sustituyen intervención de riesgo ni protocolos de protección. Acuerden una señal de pausa sólo si no hay riesgo. Si lo hay, sal de la situación, pide ayuda y documenta.

En toda relación humana hay diferencias. En las relaciones de pareja, donde la intimidad, la convivencia y las expectativas juegan un papel determinante, los conflictos son no sólo inevitables sino necesarios. Lejos de ser una señal de fracaso, un conflicto bien manejado puede convertirse en una oportunidad de crecimiento y fortalecimiento del vínculo.

El verdadero problema no es el conflicto en sí, sino cómo se enfrenta. Hay parejas que evitan cualquier tipo de confrontación por miedo al desagrado; otras que estallan con facilidad por la mínima provocación y muchas más que callan, acumulan y que tarde o temprano, explotan. Como plantea Gottman (2000) no es la existencia del conflicto lo que predice el éxito o fracaso de una relación sino cómo se gestiona. Este capítulo busca brindar una mirada comprensiva y práctica sobre cómo reconocer, expresar, procesar y resolver los conflictos sin lastimar la relación ni renunciar a uno mismo.

10.2 La cultura del silencio y la herencia de la resignación

Durante generaciones, la idea del "aguante" se transmitió como sinónimo de amor maduro. Las frases "Calladita te ves más bonita"; "Es la cruz que te tocó cargar" o "Aguanta por tus hijos" fueron parte de una narrativa que enseñó a reprimir, a soportar, a callar. Estas ideas, en su mayoría dirigidas a las mujeres, fomentaron un modelo de pareja basado en la resignación y la negación del conflicto.

Pero hoy los tiempos han cambiado. La resignación ya no es símbolo de virtud y el silencio dejó de ser sinónimo de fortaleza. Las nuevas generaciones entienden que expresar lo que duele no es debilidad, es conciencia. Que decir "esto no me gusta" no es un acto de rebeldía, sino una señal de autenticidad emocional.

Según Marshall Rosenberg (2003) aprender a expresar nuestras necesidades sin atacar al otro es la base de la comunicación no violenta. Ser pareja no significa pensar igual en todo, sino saber comunicarse incluso cuando hay diferencias. Hoy sabemos que se puede hablar de lo que incomoda sin perder la armonía y que el verdadero respeto nace de la claridad con afecto, no del silencio acumulado.

10.3 Cómo nombrar el conflicto cuando aparece

No todos los conflictos nacen de temas graves. A veces, basta un comentario mal interpretado; una omisión o un malentendido para generar una distancia emocional. Lo importante no es evitar el conflicto a toda costa sino aprender a nombrarlo cuando aparece.

Poder decir "esto me incomodó", "me sentí ignorado", "esto que dijiste me dolió" puede parecer simple pero requiere autoconciencia, valentía emocional y una disposición al diálogo genuino. La clave no es evitar el malestar, sino expresarlo con respeto, claridad y oportunidad.

Cuando no se nombra lo que molesta, se anida, se acumula y lo que pudo resolverse con una conversación madura, termina estallando en forma de reproches, sarcasmos o distanciamiento. Como lo explican Harville Hendrix y Helen LaKelly Hunt (2004) no es sólo lo que se dice sino cómo y cuándo se dice, lo que define si el conflicto se resuelve o se agrava.

Nombrar el conflicto a tiempo es una forma de cuidar el vínculo.

Preguntas para reflexionar en pareja:

- ¿Cuáles suelen ser los principales problemas relacionales en tu vida de pareja?
- ¿Qué haces cuando algo te incomoda? ¿Lo hablas o lo guardas?
- ¿Tiendes a explotar, evitar o enfrentar los conflictos con apertura?
- ¿De qué manera escuchas cuando tu pareja expresa algo que no le gusta?
- ¿Sueles interpretar todo como crítica, o puedes escuchar sin tomarlo como ataque?
- ¿Qué ocurre cuando te sientes herido? ¿Sabes comunicarlo sin herir de vuelta?
- ¿Qué tan fácil te resulta pedir perdón o proponer una reconciliación?

Estas preguntas no buscan culpables. Buscan despertar conciencia porque donde hay conciencia, hay posibilidad de cambio.

10.4 Tipos de conflicto: solucionables vs. perpetuos

No todos los desacuerdos "se arreglan" del mismo modo. Algunas fricciones son **solucionables** (ligadas a hechos concretos y decisiones prácticas) y otras son **perpetuas** (derivadas de diferencias estables de personalidad, historia, valores o estilo de vida). Distinguirlos evita frustración y ayuda a invertir la energía donde realmente suma. Como señalan Gottman y Silver (2012) =muchas parejas funcionales conviven sanamente con diferencias que **no desaparecen**, pero **sí se vuelven dialogables** .

¿Cómo distinguirlos?

Conflictos solucionables

- **Naturaleza:** circunstanciales o logísticos.
- **Señal típica:** "Si acordamos un plan, baja la tensión."
- **Intervención útil:** acuerdos claros (qué, quién, cuándo, con qué recursos) y verificación.
- **Ejemplos:** reparto de tareas, horarios de visitas, presupuesto de una compra puntual, uso de pantallas en la cena.

Conflictos perpetuos

- **Naturaleza:** diferencias de fondo relativamente estables.
- **Señal típica:** "Vuelve en versiones similares, aunque cambiemos el plan."
- **Intervención útil:** aceptación de la diferencia, límites amables, rituales de reparación y conversaciones sobre **sueños/valores** detrás del tema.
- **Ejemplos:** niveles distintos de orden, ritmos sociales diferentes (introversión/extroversión) estilos de crianza, necesidades dispares de sexualidad o de tiempo a solas.

Test rápido (marca lo que resuena)

- **¿Cambia con información o logística?** → Probablemente **solucionable.**
- **¿Regresa con otro pretexto y toca identidades/valores?** → Probablemente **perpetuo.**
- **¿Se desinfla cuando definimos quién-hace-qué-cuándo?** → **Solucionable.**
- **¿Me irrita "lo que el otro es" más que "lo que hizo"?** → **Perpetuo.**

Qué hacer con cada tipo

A) Conflictos solucionables → *Diseño de acuerdos*

Definir el hecho (observación sin juicio).

Nombrar impacto y necesidad (breve).

Proponer un plan: positivo, específico, observable, con marco temporal.

Asignar responsables y recursos.

Poner indicador y fecha de revisión (ver 9.7).

Mini-plantilla (para usar en pareja)

Tema puntual: __________

Acuerdo: quién/qué/cuándo/dónde: __________

Recursos necesarios: __________

Indicador de verificación: __________

Fecha de revisión (15–30 días): __________

Hora y quién inicia el chequeo: __________

Si el acuerdo falla, no es "fracaso": es **feedback**. Se ajusta el plan (frecuencia, horario, apoyo, recordatorios) y se vuelve a probar.

B) Conflictos perpetuos → *Navegación y cuidado del vínculo*

No se "ganan": se **gestionan**. La meta es reducir la fricción y aumentar la comprensión.

Explorar los sueños detrás del conflicto

"¿Qué representa para ti este tema?"

"¿Qué valor/cuál miedo hay detrás?"

"¿Qué no estás dispuesto/a perder de ti mismo/a aquí?"

Mapa de mínimos y márgenes

Mínimos no negociables (líneas de respeto/seguridad).

Concesiones posibles (pequeños gestos que alivian la tensión).

Zonas de autonomía (cada uno decide sin pedir permiso).

Rituales protectores

Pausa fisiológica con palabra/gesto acordado (20–30 min.) y hora de retorno.

Microaprecio diario que amortigüe la negatividad de base.

Reparación breve tras roces inevitables (reconozco–disculpo–ajusto).

Redacción de un "acuerdo de convivencia"

"Aceptamos que X y Y pensamos distinto en _____. Para cuidar el vínculo: (a) tú tendrás ____; (b) yo tendré ____; (c) cuando surja tensión, haremos ____; (d) revisaremos este pacto el ____."

Criterio de salud: si, aun sin "resolver la diferencia", **disminuyen el resentimiento**, **se sostienen el respeto y el afecto**, y **existen vías de reparación**, la pareja está gestionando bien un conflicto perpetuo.

Errores frecuentes (y alternativas)

- **Error:** intentar convertir un conflicto perpetuo en "idéntico a mí". **Alternativa:** convertirlo en **conversación recurrente** con límites y humor.
- **Error:** evitar los solucionables "porque son chiquitos". **Alternativa: intervenir temprano** con acuerdos simples; lo pequeño no atendido se acumula.
- **Error:** medir éxito sólo porque "ya no peleamos". **Alternativa:** medir por **calidad de reparación**, **claridad de acuerdos** y **sensación de justicia** ("no perfecto, pero justo").

En síntesis

Solucionables: plan + indicador + revisión.

Perpetuos: valores + aceptación + límites amables + rituales de reparación. El objetivo no es eliminar el conflicto, sino **que el conflicto deje de lastimar el vínculo** y se convierta en un espacio donde ambos puedan ser quienes son sin perder el respeto ni la ternura (Gottman & Silver, 2012).

10.5 Hacer espejo: devolver para comprender (no para ganar)

Hacer espejo es escuchar y devolver con tus propias palabras lo que el otro dijo y sintió, para que sepa que fue comprendido y, si hiciera falta, corregir malentendidos. No es "repetir como loro", ni dar soluciones: es **parafraseo + validación + chequeo**.

Cómo se hace (paso a paso)

1. **Pausa y presencia.** Deja el celular, mira a los ojos, respira.
2. **Parafrasea el contenido.** "Lo que te escucho decir es... / Entiendo que para ti pasó que..."

3. **Nombra la emoción.** "...y eso te hizo sentir ___ (triste, frustrada, solo...)."
4. **Conecta con la necesidad.** "Porque necesitas ___ (tiempo juntos, claridad, respeto...)."
5. **Chequea precisión.** "¿Te reflejé bien? / ¿Falta algo importante?"
6. **Valida sin estar de acuerdo.** "Tiene sentido que te sientas así dada la situación."
7. **Recién después, responde tú** (tu perspectiva o propuesta) **sin "pero"** inmediato, usa "y".
8. **Mini-fórmula útil:** "Cuando dices ___ (hecho/acto), entiendo que te sientes ___ porque necesitas ___. ¿Es así?"

Ejemplo breve

A: "Llegaste y fuiste directo al celular; me sentí apartada."

B: "Te escucho. Cuando llego y tomo el celular, te sientes apartada porque necesitas conexión al llegar ¿Lo entendí?, ¿hay algo más?"

A: "Sí, que al menos me saludes".

B: "Tiene sentido, gracias por decírmelo. **Propuesta:** te saludo y hablamos tres minutos al entrar, de lunes a jueves, ¿te sirve?"

Claves prácticas

Duración: 60–90 segundos por turno.

Voz tranquila, sin ironía.

Usa **"y"** en lugar de **"pero"** ("Te entiendo **y** quiero contarte mi parte...").

Pregunta abierta para cerrar: "¿Qué te ayudaría ahora?"

Errores comunes (y corrección)

Pseudoespejo: "Te entiendo, pero..." → Cambia a: "Te entiendo **y** quiero sumar mi mirada después de confirmar si te reflejé bien."

Espejo con juicio: "Dices que exageras..." → Cambia a: "Dices que te sentiste ___; no quiero minimizarlo."

Arreglar de inmediato: Saltar a soluciones sin validar → Primero valida, luego propone.

Criterio de éxito

El otro dice alguna versión de **"sí, eso es"** o **"así me siento"**. Si no, pregunta: "¿Qué parte no reflejé bien?"

Micro-ritual para casa (5 minutos diarios)

Turnos de 2:30 min. Quien habla comparte un tema; quien escucha **hace espejo** con la fórmula y chequeo. Al final, una **petición clara** o un **agradecimiento**.

Para sesiones terapéuticas (opcional)

Regla 3-3-3: **3** frases de espejo; **3** validaciones breves; **3** preguntas de clarificación ("¿Qué fue lo más difícil?", "¿qué temes que pase?", "¿qué te ayudaría hoy?").

Señal acordada de pausa si sube la activación; retorno en 20–30 min.

10.6 Acuerdos: el arte de negociar sin perder la dignidad

Una pareja que funciona no es la que nunca discute sino la que sabe negociar. Los acuerdos son pactos que nacen del diálogo y reflejan el deseo mutuo de mejorar la relación. No se trata de "ceder" hasta desaparecer sino de encontrar puntos en común que permitan que ambos se sientan respetados.

Un buen acuerdo parte de la escucha activa, de poder decir: "Entiendo que esto es importante para ti, veamos cómo lo resolvemos juntos". No se trata de ganar una batalla sino de preservar el vínculo y si el acuerdo se rompe —porque somos humanos y eso sucede—, también es una oportunidad para revisar, comprender y reajustar sin culpas innecesarias.

Evitar que los conflictos escalen no significa evitarlos sino enfrentarlos con madurez emocional y voluntad de construir.

10.7 Otros recursos para la Gestión del Conflicto

A) Termómetro de activación (0–10)

Antes y después de una conversación difícil, cada uno marca su nivel de activación. Si alguien sube a 7+, aplican pausa de 20–30 min. con palabra/señal acordada y hora de retorno.

B) Mapa del conflicto (1 página)

Hecho → Pensamiento que me conté → Emoción sentida → Necesidad detrás → Petición clara.

Úsalo individualmente y compártanlo en 10–10–10 (10' habla A, 10' habla B, 10' síntesis + 1 petición por persona).

10.8 Aplicación del método CREO® para resolución de conflictos

El método CREO®, es una guía práctica y profunda para transformar el conflicto en oportunidad. Sus cuatro fases permiten estructurar el diálogo de forma cuidadosa y efectiva:

CENTRAR

Se define la situación actual y la deseada. Se aterriza el problema con claridad:

"Hoy discutimos porque sentí que no valoraste mi esfuerzo. Me gustaría que lo reconozcas, sin sarcasmo."

REFLEXIONAR

Se exploran causas, detonantes y emociones subyacentes:

"¿Esto me dolió sólo por lo que pasó hoy o porque se conecta con algo que ya venía sintiendo?"

ELEGIR

Ambos eligen una actitud: ¿Culpar o comprender? Se generan opciones,

"¿cómo podríamos evitar esto en el futuro sin dejar de decir lo que sentimos?"

OPERAR

Se define qué se hará diferente. Compromisos y acciones concretas:

"Cuando te moleste algo, házmelo saber ese mismo día. Yo me comprometo a escucharte sin interrumpirte."

Este método no resuelve todo, pero ordena el caos. Lo convierte en conversación.

10.9 Separación y divorcio como últimas opciones

Hay situaciones que, por dolorosas que sean, requieren distancia. Separarse no siempre es sinónimo de fracaso a veces es necesario para recuperar la claridad, el respeto o la dignidad sin embargo, también es cierto que muchas parejas se separan demasiado pronto sin haber explorado caminos de resolución.

La tendencia actual oscila entre dos extremos peligrosos: "Divorciarse no es una opción" y "Divórciate al primer problema". Ambas polaridades son deshumanizantes, el discernimiento es clave, la separación puede ser un paso reflexivo, una pausa necesaria. El divorcio debe ser una decisión profunda no impulsiva.

Como señala Sue Johnson (2008) aún las heridas emocionales graves pueden sanarse si hay deseo de reconexión y el vínculo afectivo básico no se ha roto del todo.

En algunas historias de pareja, la ruptura no significa el cierre definitivo, sino un tránsito hacia una forma más honesta y respetuosa de estar o incluso de despedirse. A veces, lo que parece el final puede ser el inicio de una forma distinta de amar: más consciente, más libre o más compasiva. Ese tipo de amor no siempre implica quedarse juntos pero sí implica haber aprendido algo que deja menos heridas y más sentido.

10.10 Caso clínico de intervención con el método CREO®

Una pareja llegó a consulta luego de una discusión que escaló rápidamente. Ella expresó sentirse desplazada por el tiempo que él dedicaba a los hijos de una relación anterior. Él por su parte, reclamó que no se sentía satisfecho con la calidad de su vida sexual. Ella respondió señalando que él le gritaba con frecuencia y él, en su defensa, argumentó que ella gastaba demasiado. La conversación se convirtió en una lista cruzada de quejas, reproches y juicios acumulados. El clásico "tú nunca" y "tú siempre" tomó el control.

Cuando comenzaron la sesión les propuse algo esencial: separar el fondo de la forma. La forma había sido hiriente, impulsiva y poco clara. El fondo, sin embargo, revelaba emociones legítimas que no se estaban expresando a tiempo ni con responsabilidad. Les expliqué que todo conflicto tiene al menos dos niveles: uno superficial, aparente, que suele encender la chispa y uno más profundo, donde reside la herida o necesidad no atendida. Ese segundo nivel, aunque menos visible, es el más relevante.

Aplicamos el método CREO® como estructura para recuperar el diálogo:

CENTRAR: Les pedí definir con claridad qué los había traído.

Él reconoció: "Discutimos porque sentí que ella no comprende la importancia que tienen mis hijos para mí". Ella expresó: "Me dolió que justo después de eso, hablara de nuestra intimidad como si fuera una moneda de cambio".

REFLEXIONAR: Aquí se detuvieron a mirar lo que no se había dicho antes. Ella pudo identificar que su molestia no era por los hijos sino por sentirse en segundo plano constantemente. Él reconoció que su reclamo sexual era una forma torpe de pedir conexión emocional.

ELEGIR: Ambos eligieron suspender los reproches cruzados y acordaron centrarse en comunicar sus necesidades antes de que se acumulen. Aprendieron a identificar el momento en que el conflicto cambia de tema y se vuelve ataque.

OPERAR: Diseñaron un acuerdo: cuando uno de los dos sienta que necesita hablar de algo difícil lo dirá directamente, sin esperar a que se desborde. Se comprometieron a practicar lo que llamamos un reclamo ecológico, es decir, expresar lo que se necesita sin invalidar al otro.

Este caso muestra cómo el conflicto, aunque ruidoso y confuso, puede ser una puerta hacia una comunicación más honesta si se estructura se humaniza y se acompaña con claridad.

Revisamos en 2 semanas cuántas veces lograron avisar a tiempo y si cumplieron la hora de retorno tras la señal de pausa.

10.11 Abordaje terapéutico: recursos para psicólogos

Quien acompaña a una pareja en conflicto debe tener claro su rol. No estamos para juzgar, para diagnosticar a uno y absolver al otro. No estamos para dar recetas, sino para facilitar el diálogo y fortalecer los recursos internos de la relación.

Lo que el terapeuta no debe hacer:

- Sugerir la separación como primera opción.
- Trabajar con prejuicios de género, cultura o historia.
- Alinear emocionalmente con uno solo de los miembros.

Lo que el terapeuta debe procurar:

- Trabajar con la agenda del consultante.
- Apostar al vínculo cuando exista respeto y apertura.
- Acompañar incluso crisis profundas (como infidelidad) con presencia y neutralidad.
- Facilitar separaciones conscientes cuando sea necesario, sin dramatizar ni culpabilizar.

Actitudes del terapeuta en sesión:

- Presencia sin juicio.
- Escucha fenomenológica.
- Intervenciones desde lo que emerge no desde lo que espera.
- Claridad de límites sin perder calidez

"La terapia de pareja no se basa en determinar culpables, sino en facilitar nuevas formas de encuentro y significado compartido" (Linares, 2003).

Psicoeducar siempre:

Muchas personas no saben discutir. Nadie les enseñó a pedir sin exigir, a reclamar sin agredir, a perdonar sin olvidarse de sí mismas. La terapia debe ser también un espacio de aprendizaje relacional. Educar en habilidades de comunicación, gestión emocional y resolución de conflictos es una de las mayores contribuciones que podemos hacer como terapeutas.

10.12 Reflexión final del capítulo

Los conflictos no son el fin del amor. Son una oportunidad para crecer juntos si se saben transitar. Hablar a tiempo, escuchar con humildad y negociar sin humillarse son actos de amor maduro. Porque una pareja sana no es la que no discute, sino la que aprende a discutir sin romperse.

Capítulo 11.

Problemas cotidianos.

Cómo convertir desacuerdos en conversaciones constructivas.

11.1 Introducción: el desgaste de lo cotidiano

Advertencia ética de seguridad. Si hay violencia física, amenazas o coerción, prioriza tu seguridad y busca ayuda profesional. Las herramientas de este capítulo no sustituyen intervención de riesgo.

La mayoría de las parejas no se rompen por una gran tormenta sino por la suma de pequeñas omisiones no habladas. El enemigo no es el conflicto: es el silencio que lo rodea. Este capítulo es un manual práctico para abordar los roces de todos los días sin repetir lo visto en “Gestión de conflictos”: aquí operativizamos lo cotidiano con microacuerdos, rituales sencillos y guiones breves que pueden practicarse sin necesidad de una sesión terapéutica.

11.2 Señales tempranas de desgaste (focos amarillos)

Antes de que aparezcan peleas grandes, la relación suele enviar señales suaves: el “no pasa nada” dicho con tono frío; promesas pequeñas que se incumplen seguido; ironías y ojos en blanco que reemplazan la petición clara; convivencia de logística sin momentos de pareja; temas que cambian de asunto y nunca se cierran. Atender estos focos amarillos a tiempo evita que lo pequeño se vuelva crónico.

11.3 Problemas cotidianos frecuentes (con preguntas guía)

Los siguientes escenarios no son "graves" por sí mismos pero repetidos y no hablados, erosionan el vínculo. Usa las preguntas para abrir conversación y convertir la queja en petición.

Necesidades no verbalizadas.

Esperar que el otro adivine suele terminar en frustración. *Preguntas:* ¿Estoy esperando que adivines lo que necesito? ¿Qué petición clara puedo formular hoy?

Expectativas no conversadas.

Lo que esperábamos de la relación cambia con el tiempo; sin diálogo se vuelve decepción. *Preguntas:* ¿Qué esperaba y nunca dije? ¿Estoy dispuesto/a convertir expectativa en acuerdo concreto?

Promesas pequeñas rotas.

Cada incumplimiento "micro" perfora la confianza.

Preguntas: ¿Qué significado tiene para mí que no se cumpla? ¿Qué reparación mínima necesito para reconstruir confianza?

Incumplimiento de acuerdos.

A veces el problema no es mala voluntad sino acuerdos poco realistas.

Preguntas: ¿Sigue siendo viable lo pactado? ¿Qué ajustar (frecuencia/recursos)? ¿Cómo lo verificaremos sin reproches?

Roles y cargas.

La inercia reparte tareas de forma desigual.

Preguntas: ¿Qué tarea asumo por costumbre y ya no deseo realizar? ¿Qué redistribución justa propondría?

Estrés laboral traído a casa.

El hogar se vuelve zona de descarga en vez de refugio.

Preguntas: ¿Qué ritual de transición haré antes de entrar (5 min.)? ¿Cómo aviso mi estado sin descargarlo en ti?

Desautorización frente a hijos.

Contradecir al otro en público mina la autoridad de ambos.

Preguntas: ¿Qué mensaje les dimos? ¿Cómo reparamos frente a ellos? ¿Cuál es nuestro acuerdo de "desacuerdos en privado"?

Indiferencia afectiva.

La ausencia de gestos cotidianos enfría la conexión.

Preguntas: ¿Qué microgesto retomamos hoy (mirada, saludo, toque)? ¿Qué momento breve de conexión diaria blindamos?

Celos sin base objetiva.

Muchas veces hablan más de inseguridad que de hechos.

Preguntas: ¿Qué inseguridad toca esto? ¿Qué cuidado puedo pedirme/darte? ¿Qué límites digitales acordamos?

Falta de tiempo de calidad.

Estar juntos no es lo mismo que conectados.

Preguntas: ¿Qué bloque mínimo semanal blindamos? ¿Qué actividad simple nos reencuentra (caminar, café, 20 min)?

Nota: Distingue (ver cap. 9) si el tema es **solucionable** (se resuelve con un plan concreto) o **perpetuo** (se gestiona con aceptación, límites amables y rituales).

11.4 Conversaciones "CREO®-ligero" (5 minutos)

Para roces cotidianos, aplica la versión comprimida del método. No busca profundidad clínica, sino **orden y respeto**.

- **Centrar (1 frase):** "Quiero hablar de ___ (hecho concreto)."
- **Reflexionar (1 emoción + 1 necesidad):** "Me sentí ___ porque necesito ___."
- **Elegir (1 actitud):** "Quiero que esto sea constructivo y no pelear."
- **Operar (1 petición SMART + seguimiento integrado):** "¿Podrías ___ en ___ (cuándo/dónde)? Sabremos que funcionó si ___; revisamos el ___."

Ejemplo: "Quiero hablar de ayer en la cena (centrar). Me sentí desplazado porque necesito atención al llegar (reflexionar). Quiero que esto sea constructivo (elegir). ¿Podrías dejar el celular durante la cena de lunes a jueves? Sabremos que funcionó si tuvimos 20 min sin pantallas; lo revisamos el domingo (operar)."

11.5 Espejo exprés (60–90 segundos por turno)

"Hacer espejo" no es repetir como loro; es comprobar comprensión. La fórmula: **parafraseo + emoción + necesidad + chequeo + validación**.

- *Guion breve:* "Lo que te escucho es ___; te sentiste ___ porque necesitabas ___. ¿Lo entendí? Tiene sentido dada la situación. Y ahora te cuento mi parte..."

Ejemplo:

— A: "Llegaste y te fuiste directo al celular, me sentí apartada."

— B: "Entiendo: cuando llego y tomo el celular te sientes apartada porque necesitas conexión al llegar, ¿es así? Tiene sentido. Mi propuesta: te saludo y hablamos tres minutos al entrar, de lunes a jueves. ¿Te sirve?"

Claves: voz calma, sin ironía, usar "y" en lugar de "pero", cerrar con "¿Qué te ayudaría ahora?".

11.6 De la queja al pedido (ejemplos listos)

Transformar la queja en petición concreta baja la defensividad y sube la cooperación.

- "Siempre estás en el celular" → "¿Blindamos una comida al día sin pantallas?"
- "Nunca me ayudas con los niños" → "¿Repartimos horarios y tareas para esta semana?"
- "Gastaste sin consultarme" → "¿Acordamos tope de gasto y avisos previos?"
- "Llegas tarde y ni avisas" → "¿Me mandas mensaje si te retrasas más de 15 min?"
- "Ya no me dices cosas bonitas" → "¿Hacemos 3 aprecios diarios, 5 días seguidos?"
- "Tú decides todo sin mí" → "¿Tomamos juntos X decisiones al mes y las agendamos?"
- "Nunca tenemos intimidad" → "¿Reservamos 1 noche a la semana para nosotros?"
- "Me hablas cortante" → "Si sube la activación, ¿pausamos 20–30 min. y retomamos a las __?"

11.7 Rituales de mantenimiento sencillo (baja fricción)

Los rituales son puntos de anclaje: pequeñas prácticas repetidas que, aun en semanas difíciles garantizan un mínimo de conexión.

- **Domingo de acuerdos (15 min.)** Revisión breve y amable: un acuerdo que funcionó, otro a ajustar y **un** objetivo semanal. Si algo no se cumplió, se trata como información y se rediseña.
- **Apagón de pantallas (una comida al día).** Un gesto pequeño con un mensaje grande: presencia. Si hay hijos, modela convivencia atenta.
- **Tres aprecios diarios.** Reconocimientos **específicos** ("gracias por…", "me ayudó cuando…") cambian el clima y amortiguan la fricción.
- **Pausa fisiológica pactada.** Señal/clave ("amarillo") para detener con **hora de retorno** (20–30 min). En la pausa se regula el cuerpo (respirar, caminar, hidratarse) no se ensayan alegatos. Al volver, un aprecio y una petición clara.
- **Cita de 20 minutos.** Sin producción: café en la cocina, caminar una vuelta. Regla: no hablar de logística; conversar de **ustedes**.

Si un ritual falla, no es derrota: es retroalimentación. Ajusten horario, duración o apoyos (alarma, nota visible) y prueben de nuevo.

11.8 Si el otro no quiere hablar (sin forzar)

El silencio suele proteger algo: miedo al juicio o a desbordarse. Forzar cierra más; **invitar** abre.

- **Invita, no impongas.** "¿Nos damos 10 minutos para ver cómo estamos?" Ofrece dos horarios y respeta un "ahora no", acordando cuándo sí.
- **Ofrece tu parte primero.** Modela el tono breve, en primera persona, sin reproches: "Hoy estuve irritable; me ayudaría pedirte X. ¿Lo vemos 10 min? a las 8?"

- **Acepta formatos alternativos.** Si cara a cara bloquea, usa nota de voz, mensaje o el **10–10–10** (10 habla A, 10 B, 10 síntesis).
- **Regula la expectativa.** Mejor corto y bueno que largo y tenso. Trabaja con micro objetivos: una petición, un aprecio y fecha de revisión.
- **¿Cuándo pedir apoyo?** Si la evitación persiste, un tercero neutral (terapeuta/mediador) como **recurso de cuidado** no como amenaza: "Queremos aprender otra forma de hablarnos".

11.9 Cuándo pedir ayuda profesional

Buscar acompañamiento es un gesto de **responsabilidad** no de fracaso.

- **Patrones que se repiten y escalan.** Mismo tema con otro pretexto, mayor dureza o desprecio. Las pausas no se respetan, el retorno se posterga.
- **Miedo o control.** Aislamiento, vigilancia, manipulación o alguien evita hablar por **temor**. Si hay amenazas/coerción/violencia, prioriza **seguridad y protocolos**.
- **Duelo o trauma que invade la convivencia.** Pérdidas, infidelidad, enfermedad, estrés financiero severo: cuando el contexto desborda, el encuadre externo evita lastimarse.
- **Cómo luce una buena primera sesión.** Objetivo acotado (dos microcambios observables), reglas básicas (turnos, sin insultos, señal de pausa) y **tareas simples** (una petición SMART por persona, un ritual y un indicador con fecha).

Mientras llega la cita, sostengan dos mínimos: **aprecio diario** y **pausa con retorno** si sube la activación.

11.10 Abordaje terapéutico: recursos para psicólogos

Cuando acompaño problemas cotidianos no busco "resolver todo" en una sesión, sino **crear capacidad conversacional**: que la pareja salga con dos microcambios practicables.

Encuadre. "Hoy no buscamos quién tiene la razón sino pactar dos microcambios observables". Señalen la palabra de pausa y la **hora de retorno** si sube la activación.

Secuencia sugerida.

- **Centrar un solo tema conductual** (no rasgos): hecho–situación–impacto.
- **Espejo guiado** (3-3-3: tres parafraseos, tres validaciones, tres preguntas abiertas).
- **Petición SMART** por persona (positiva, específica, observable, marco temporal).
- **Operar con seguimiento integrado:** indicador de verificación y fecha ("sabremos que ocurrió si ___; lo revisamos el ___").
- **Tareas para casa (una a la vez).** Ritual de tres aprecios; comida sin pantallas; pausa pactada con retorno a tiempo; domingo de acuerdos de 15 minutos.
- **Seguimiento.** Tres datos por semana: número de peticiones cumplidas, pausas respetadas y aprecios/día.
- **Criterios de derivación o escalamiento.** Señales de riesgo, asimetrías de poder, trauma activo. Neutralidad activa protegiendo al más vulnerable, priorizar seguridad y red.

Reflexión final

No es la perfección, es la práctica. Las parejas que cuidan lo pequeño —la petición clara, el aprecio diario, la pausa a tiempo—

convierten el conflicto cotidiano en un lugar donde el respeto y la ternura siguen respirando. Conversar no lo resuelve todo pero abre el camino a lo que aún es posible. El amor verdadero no se da por sentado: se alimenta, se revisa y se practica.

Capítulo 12.

Traumas de la infancia y cómo afectan la relación de pareja.

Cuando el pasado interfiere con el presente amoroso.

12.1 Introducción (con advertencia ética de seguridad)

Advertencia ética de seguridad. Si hay violencia física, amenazas, coerción, consumo problemático de sustancias que ponga en riesgo, ideación suicida o síntomas de estrés postraumático severo (disociaciones frecuentes, flashbacks incapacitantes) prioriza tu seguridad y busca ayuda profesional especializada. Las herramientas de este capítulo no sustituyen intervención clínica de riesgo ni protocolos de protección.

Muchas dificultades de pareja no comienzan en la pareja. **Se activan allí.** Las heridas tempranas —aunque no hayan sido "grandes traumas"— dejan huellas en el cuerpo, en el sistema nervioso y en las expectativas afectivas. Como señalan enfoques somáticos y de apego, **el trauma no siempre está en el evento sino en la respuesta que se quedó atrapada.** En la intimidad esa respuesta reaparece en forma de defensas, reacciones desproporcionadas o silencios que alejan.

12.2 ¿Qué entendemos por trauma infantil?

El trauma infantil no es sólo abuso o violencia explícita, también puede surgir de humillaciones reiteradas, invalidación emocional, negligencia, sobreprotección ansiosa o la ausencia de una base segura. **El niño no racionaliza: siente.** Si su dolor no es visto ni acompañado, su sistema emocional aprende a sobrevivir con estrategias que luego, en la adultez, pueden obstaculizar la cercanía.

Idea clave: el organismo guarda "respuestas inconclusas" (lucha, huida o congelamiento) que se reactivan frente a señales que recuerdan el peligro original —aunque hoy no exista.

12.3 Cómo se manifiestan en la pareja (patrones frecuentes)

La pareja funciona como un espejo emocional: lo no resuelto tiende a reaparecer. Algunos indicadores:

- **Dependencia o evitación:** una parte pide fusión constante; la otra levanta muros.
- **Dificultad para nombrar emociones:** frialdad, bloqueo o represión para "no molestar".
- **Hipersensibilidad al rechazo:** pequeñas distancias se viven como abandono.
- **Reactividad desproporcionada:** gritos, huida, "ley del hielo", pánico ante conflictos.
- **Miedo al abandono / control:** vigilancia, celos, pruebas de amor; o control de ritmos y decisiones.
- **Elecciones que repiten el pasado:** parejas que, sin querer, recrean el clima emocional de la infancia.
- **Lectura compasiva:** estos patrones no son "defectos de carácter" sino respuestas de apego que buscan proteger.

12.4 Fundamentos que orientan la intervención (visión sintética)

Por "**visión sintética**" me refiero a un **mapa breve e integrador** que reúne lentes clínicos útiles y comprensibles. No son teorías para memorizar, sino orientaciones prácticas para decidir por **dónde empezar** cuando una pareja está en dificultad: a veces la puerta de entrada es el **cuerpo**, otras el **vínculo**, otras la **historia**. La idea es **regular, conectar, comprender y acordar** sin tecnicismos innecesarios.

Somática: el cuerpo también habla

- **Qué significa.** El estrés y el trauma dejan huellas en el cuerpo: nudo en la garganta, pecho apretado, mandíbula tensa, manos frías, taquicardia. **En discusión, el cuerpo suele "dispararse"** antes de que podamos pensar.
- **Cómo se ve.** "No puedo ni escuchar, me hierve la sangre", "me quedo mudo", "tiemblo", "me desconecto".
- **Qué hacemos.** Primero bajamos la activación para que hablar sea posible: respiración lenta (exhalar más largo que inhalar), sentir los pies en el suelo, mirar un punto fijo, beber agua, moverse suave. En pareja, usamos **co-regulación**: tono de voz bajo, contacto amable (si es bienvenido) **pausa de 20–30 min con hora de retorno**. Sin cuerpo calmado no hay buena conversación.
- **Mini-hábito:** "3 respiraciones largas + decir 'necesito 20 minutos y vuelvo a las 8:30'".

Neurobiología del trauma: cuando el cerebro entra en modo alarma

Qué significa. Bajo amenaza, el cerebro activa **supervivencia**: luchar, huir o quedarse congelado. En ese modo, la parte racional baja volumen y la emocional manda. Por eso **explicar o convencer durante una escalada no funciona**: el sistema sigue en alarma.

Cómo se ve. Reacciones "0 o 100", mente en blanco, palabras hirientes "sin pensar", bloqueo total.

Qué hacemos. Psicoeducación simple ("tu cuerpo se está protegiendo") + **dosificar**: conversaciones más cortas, con reglas claras (pausas, sin gritos), repetir rituales de seguridad (mismo lugar, misma hora, mismos pasos). **Sólo cuando baja la alarma** podemos volver a pensar y entendernos.

Mini-hábito: "Termómetro 0–10 antes de hablar; si alguien está en 7+, pausa fisiológica y retomamos en hora acordada".

Apego (EFT): el corazón pide señales de seguridad

¿Qué es "Apego (EFT)"?

Apego: es la necesidad humana de sentir **seguridad, cercanía y respuesta** de la persona significativa. En pareja, cuando esas necesidades se activan (o se frustran) aparecen miedos antiguos: *"¿me vas a dejar?, ¿me rechazas?"*

EFT (Emotionally Focused Therapy / **Terapia Focalizada en las Emociones**, de Sue Johnson): es un modelo de terapia de pareja basado en apego que **no busca quién tiene la razón**, sino **reconstruir seguridad emocional** entre ambos.

Cómo se ve en la vida real

Suele aparecer un **ciclo**:

Uno **persigue** (reclama, sube el tono) porque teme perder conexión.

El otro **se retira** (se calla, se enfría) porque teme empeorar o ser invadido. Ambos protegen el vínculo… pero el ciclo los hace sentir **más solos**.

Qué significa. En pareja se reactivan miedos antiguos: "¿me vas a dejar?", "¿me rechazas?". Cuando esos miedos se disparan, aparece el ciclo: uno **persigue** (reclama, sube el tono) y el otro **se retira** (se calla, evita). No son "malas intenciones": son formas de protegerse.

Cómo se ve. "Yo pido y tú te cierras"; "yo me callo porque si hablo, explota". Ambos comparten el mismo temor: **perder el vínculo**.

Qué hacemos. Nombrar el ciclo (no al enemigo) validar emoción primaria ("me dio miedo, no rabia") y **pedir cercanía** con claridad (p. ej., desde la **Comunicación No Violenta —CNV—**): "Me asusté, ¿puedes sentarte a mi lado y escucharme dos minutos?" Practicamos **espejo** (parafrasear y validar) y peticiones específicas de conexión.

Mini-hábito: "Antes de responder, di una emoción y una necesidad: me dolió / necesito cercanía".

Objetivo práctico: que el vínculo vuelva a sentirse seguro **antes** de entrar al contenido.

Imago (imagen) / elección de pareja: repetimos para reparar
Imago (Harville Hendrix y Helen LaKelly Hunt) alude a la **imagen inconsciente** de amor que formamos con rasgos de nuestros cuidadores. Sin darnos cuenta, nos atraen parejas que **se parecen** a esa imagen buscando reparar lo que faltó pero sin conciencia, **repetimos el dolor**.

Cómo se ve. Me hiere hoy lo que me hería antes: la crítica me dispara, la frialdad me congela, el control me sofoca.

Qué hacemos. Hacemos consciente el guion: "Esto me recuerda a…". Traducimos la queja en **necesidad** y pactamos **conductas reparadoras**. Si crecí con críticas hoy necesito **aprecio explícito**: acordamos "3 agradecimientos concretos al día, 5 días".

Mini-hábito: "De 'siempre…' pasamos a 'cuando ocurre X, necesito Y, ¿podrías Z?'".

5) Niño interior: cuidar a la parte más vulnerable

Qué significa. Todos tenemos una parte "niña" que aparece cuando nos sentimos solos, avergonzados o asustados. Si esa parte toma el volante, reaccionamos de forma desproporcionada.

Cómo se ve. Vergüenza intensa, miedo al abandono, necesidad urgente de aprobación, rabietas, huida.

Qué hacemos. Re-parentalización: hablarnos con amabilidad; poner **límites adultos**, darnos contención. En pareja diferenciar: "Esto me pasa **contigo hoy**" vs. "Esto me recuerda a **antes de ti**". Se vale pedir: "Ahora me siento muy pequeño, ¿me abrazas un momento y luego hablamos?".

Mini-hábito: "Carta breve a tu niño interior + frase de cuidado: hoy yo me encargo de protegerte".

Cómo se integra en la práctica (secuencia flexible)

Regular (somática + neurobiología): bajamos la activación; sin esto no hay diálogo.

Conectar (apego): nombramos el ciclo, pedimos cercanía, escuchamos con espejo.

Comprender (biografía: Imago + niño interior): damos sentido a lo que se activa.

Acordar y practicar (conductas concretas): peticiones claras, indicadores y revisión.

Guion breve para casa o consulta

Cuerpo: "Estoy en 7/10; hago pausa 20 minutos y vuelvo a las 8:30."

Vínculo: "Me dio miedo, ¿te quedas conmigo y me escuchas dos minutos?"

Sentido: "Esto me recordó cuando… por eso reaccioné así".

Acción: "¿Podrías saludarme al llegar y darme 3 minutos de charla de lunes a jueves? Lo revisamos el domingo."

12.5 Señales de interferencia: auto-chequeo breve

- ¿Me siento "como niño/a" cuando mi pareja me corrige o alza la voz?
- ¿Reacciono con más intensidad de la que el hecho amerita?
- ¿Evito el conflicto por miedo a ser abandonado/a?
- ¿Le exijo a mi pareja lo que nunca recibí de mis cuidadores (y me frustro si no lo da "perfecto")?
- ¿Mi historia explica más mi reacción que el suceso presente?
- No es diagnóstico, son **focos amarillos** para mirar adentro —ojalá con acompañamiento.

12.6 Experiencias infantiles habituales que dejan huella (ampliado)

Nota guía. No todo lo siguiente equivale a "trauma clínico", pero sí son contextos que moldean respuestas emocionales que, en la adultez, se activan en la intimidad.

- **Cuidadores ausentes, fríos o impredecibles**

Qué vivió: disponibilidad irregular; afecto que a veces está y a veces no; señales confusas.

Adaptación: hipervigilancia ("leo el clima para no molestar") o anestesia emocional.

En pareja: miedo al abandono, necesidad de confirmación constante o al revés, distancia para "no depender".

Qué ayuda: **previsibilidad** (horarios, mensajes), micro-rituales diarios y **peticiones claras** de cercanía ("¿podrías saludarme al llegar y regalarme 3 min?").

- **Violencia verbal/física entre adultos de referencia**

Qué vivió: peleas intensas, gritos, amenazas o golpes; sensación de peligro en casa. Adaptación: lucha/huida/congelamiento; tolerancia cero al conflicto o explosiones. En pareja: pánico ante discusiones, sobrerreacción al tono, evitación del tema difícil. Qué ayuda: **palabra/señal de pausa** y hora de retorno (20–30 min), bajar volumen/ritmo, **validar antes de debatir** y no abordar asuntos complejos fuera de la **ventana de tolerancia**.

- **Adicciones en el hogar**

Qué vivió: imprevisibilidad, promesas rotas, vergüenza/secretos.

Adaptación: hiperresponsabilidad ("yo sostengo"), control del entorno o complacencia extrema.

En pareja: control de horarios/gastos, dificultad para confiar, fusión con el rol de "cuidador/a".

Qué ayuda: **transparencia acordada** (presupuestos, calendarios), **límites amables**, redistribución de cargas y diferenciar **cuidado** de **control**.

- **Ser "mediador/a" de un progenitor frágil**

Qué vivió: inversión de roles (hijo como confidente/soporte del adulto). Adaptación: adultez precoz, dificultad para poner límites, culpa al priorizarse. En pareja: rescatar al otro, absorber problemas ajenos, agotamiento emocional. Qué ayuda: entrenar **límites y peticiones** ("esto sí puedo/esto no") **corresponsabilidad** y **espacios personales** no negociables.

- **Silencio impuesto, vergüenza por sentir**

Qué vivió: emociones ridiculizadas ("no llores", "exageras") secretos familiares. Adaptación: alexitimia (dificultad para nombrar emociones) o ironía como defensa. En pareja: "no sé qué siento", sarcasmo, retiro cuando aparece lo vulnerable. Qué ayuda: **vocabulario emocional básico** compartido, **espejo** (parafraseo + validación) y peticiones con **CNV** (observación–emoción–necesidad–petición).

- **Falta de reconocimiento o validación**

Qué vivió: logros ignorados, afecto condicionado al rendimiento. Adaptación: perfeccionismo, búsqueda de aprobación, miedo a fallar. En pareja: sensibilidad a la crítica, necesidad de elogio constante o autosabotaje si no hay "10/10".

Qué ayuda: **aprecio diario concreto** (no genérico) feedback cuidadoso ("una cosa que valoro / una que mejoramos") y acuerdos para **desacuerdos sin descalificar**.

- **Abuso sexual/físico o negligencia crónica**

Qué vivió: transgresión de límites corporales/emocionales o desatención persistente.

Adaptación: disociación, hipervigilancia, tolerancia al maltrato o control rígido del cuerpo/entorno.

En pareja: dificultades en intimidad, activación intensa ante ciertas señales, confusión entre placer y peligro.

Qué ayuda: **seguridad y consentimiento** como prioridad (señal de pausa, "stop" respetado), ritmos acordados en la intimidad y, si hay sufrimiento significativo, **atención especializada individual**.

- **Exigencia / perfeccionismos extremos**

Qué vivió: estándares imposibles poco margen para el error, amor condicionado. Adaptación: autoexigencia, crítica interna severa, dificultad para descansar. En pareja: juicio al otro por "no hacerlo perfecto", rigidez en rutinas, poca celebración de avances.

Qué ayuda: acuerdos "**suficientemente buenos**", indicadores realistas, celebrar **progreso** (no sólo resultado) y programar tiempo de ocio/intimidad **sin metas**.

Cierre práctico: identifica 1–2 experiencias que resuenen contigo, escribe qué te activa hoy, qué necesitas y diseña una **petición** que puedas ensayar esta semana. Pequeños cambios sostenidos reducen la reactividad y devuelven al vínculo su función de **base segura**.

12.7 Bitácora personal: mapeo de disparadores y necesidades

Completa en un cuaderno (ideal una página por ítem):

- Situación que me activa (hecho concreto).
- Historia que me cuento ("otra vez no importo", "me van a dejar").
- Emoción principal (miedo, tristeza, rabia, vergüenza).
- Sensaciones corporales (nudo, taquicardia, opresión).
- Necesidad detrás (seguridad, prioridad, respeto, claridad).
- Petición clara que puedo formular.
- Cuidado propio cuando se active (respirar, caminar, pedir pausa y retorno).
- Revisar esta bitácora semanalmente **baja reactividad** y **aumenta lenguaje de petición**.

12.8 Ejercicio guiado: "Carta a mi niño interior" (inspirado en enfoques de partes)

¿Qué significa "inspirado en enfoques de partes"?

"Enfoques de partes" es una forma de trabajar en terapia que entiende que dentro de cada persona conviven **sub-partes** o "voces internas" con funciones distintas (por ejemplo: *niño/a herido/a, protector/a, crítico/a interno, adulto/a compasivo/a*). No es "tener varias personalidades"; es **poner nombre** a estados internos para comprenderlos y cuidarlos mejor. La "carta al niño interior" se inspira en esa idea: **habla tu parte adulta** (presente, cuidadora) **a tu parte infantil** (vulnerable) para darle palabras, calma y límites amorosos que tal vez faltaron

Objetivo: reconocer y cuidar la parte vulnerable que aún teme.

Pasos (15–20 min):

Imagínalo/a una edad clave; observa su rostro y postura.

Acércate con compasión. No discutas con su miedo.

Escribe 10–15 líneas comenzando con:

"Querido/a [tu nombre] pequeño/a: sé que te dolió ___; hoy no estás solo/a. Yo, adulto/a, me ocupo de..."

Cierre: compromisos concretos de cuidado (pedir pausas, poner límites, pedir ayuda).

Leerla en momentos de activación ayuda a **no reaccionar desde esa parte**.

12.9 Caso clínico breve: "Cuando ella grita, yo me escondo"

Santiago (38) y Clara. Ante el tono elevado, Santiago "desaparece": baja la mirada, se corta su voz; describe "volver a los 8 años". Historia: madre dominante, padre emocionalmente ausente. **Hipótesis:** no teme a Clara, teme a la sensación de quedar **sin recursos**. **Intervenciones clave:**

Psicoeducación en activación y **ventana de tolerancia**.

Lenguaje de petición de Santiago: "Necesito que bajemos el tono para poder hablar; si me activo, pido **pausa y retorno** a las 20:30."

Clara explora su propio guion con el enojo (historia de no ser escuchada). **Resultado parcial:** mayor conciencia de disparadores, **acuerdos de pausa con retorno** y primeras conversaciones sin huida.

12.10 Prácticas de pareja para hoy (co-regulación y diálogo seguro)

A) Palabra de pausa + retorno. Acordar una señal ("amarillo") cuando la activación suba (7/10). **Pausa 20–30 min (no es retiro; es regulación)** para respirar, caminar, hidratarse; **hora de retorno pactada** para retomar.

B) Espejo breve (90 seg.) "Lo que te escucho es ___; te sentiste ___ porque necesitabas ___. ¿Lo entendí?" **Validar antes** de proponer.

C) Micro-rituales protectores. Un aprecio diario concreto; una comida sin pantallas; 20 minutos de charla sin logística.

D) Guion de petición CNV + SMART. Observación, emoción, necesidad, **petición positiva, específica, observable y con marco temporal**.

12.11 Abordaje terapéutico: recursos para psicólogos

Encuadre y ética. Priorizar seguridad. Pautar palabra de pausa y retorno; aclarar que no se "resuelve" un trauma en sesión de pareja, pero sí se **disminuye la escalada** y se **construye lenguaje de cuidado**.

Estructura sugerida (40–60 min):

Centrar un solo **microtema conductual** (no rasgos).

Mapear disparadores (hecho → historia → emoción → cuerpo → necesidad).

Espejo guiado **3–3–3**: tres parafraseos, tres validaciones, tres preguntas abiertas ("¿Qué fue lo más difícil?", "¿Qué temes que pase?", "¿Qué te ayudaría ahora?").

Co-regulación en vivo: respiración, orientación sensorial, pausa/retorno si sube activación.

Dos **peticiones SMART** (una por persona) + **indicador y fecha de revisión**.

Tareas mínimas: **ritual de aprecio 5×5**, una comida sin pantallas, **bitácora de disparadores**, práctica de **pausa con retorno**.

Criterios de derivación/escala: disociaciones frecuentes, flashbacks, consumo, riesgo, violencia, trauma complejo activo → derivar a tratamiento individual especializado (p. ej., EMDR/SE/EFT individual); **neutralidad activa** y protección del miembro más vulnerable.

No hacer: confrontaciones "catárticas", forzar exposiciones, interpretar trauma sin evaluación, tomar partido, exponer material sensible sin recursos de regulación disponibles.

12.12 Cuándo pedir ayuda profesional

Conflictos que se repiten con mayor dureza o desprecio.

Pausas que no se respetan, escaladas crecientes, **terror a hablar**.

Señales de control, aislamiento o miedo.

Síntomas de trauma que invaden la vida diaria (sueños intrusivos, hipervigilancia, disociación).

Pedir ayuda no es fracaso: es cuidado del vínculo y de ti.

Reflexión final

En la pareja, el pasado pide nueva oportunidad. Amar con conciencia es distinguir entre lo que me pasa **contigo** y lo que me pasó **antes de ti**. No se trata de olvidar sino de construir un presente donde mis heridas ya no gobiernen mis elecciones. Con lenguaje claro, pausas a tiempo y miradas compasivas, el vínculo deja de ser campo de batalla y vuelve a ser base segura.

La historia no desaparece pero con conciencia y cuidado deja de mandar.

Capítulo 13.
Finanzas: ¿Cuando el hambre entra por la puerta, el amor sale por la ventana?

13.1 Introducción: el dinero también habla (y a veces grita)

Advertencia ética de seguridad. Si hay **violencia económica** (control coercitivo del dinero, endeudamiento forzado, prohibición de trabajar/estudiar, retención de recursos básicos), o **violencia física/amenazas/coerción**, prioriza tu seguridad y busca ayuda profesional. Las herramientas de este capítulo no sustituyen intervención de riesgo ni protocolos de protección.

En pareja, el dinero rara vez es "sólo dinero": representa **seguridad, autonomía, confianza, reciprocidad y valoración**. Por eso hablar de finanzas es hablar de amor y también de **heridas, valores y acuerdos**. Este capítulo baja a tierra lo cotidiano: **microacuerdos**, rituales simples y guiones breves para que el tema deje de ser campo minado y se vuelva **proyecto compartido**.

13.2 Lo que simboliza el dinero en la relación

El dinero es una **energía organizadora**: muestra cómo pensamos el mundo y cómo coordinamos esfuerzos. No se trata de acumular por acumular sino de construir **prosperidad compartida**: estabilidad, crecimiento y cooperación sin perder autonomía. Diversos autores en vínculo y psicología del dinero coinciden: **lo económico nunca es sólo económico; es profundamente relacional**. El flujo del dinero suele reflejar el **flujo de la intimidad**: cuando hay confianza, las conversaciones financieras avanzan; cuando hay miedo, se bloquean o se vuelven control.

13.3 Cuando el dinero divide

Las fricciones aparecen por **escasez, desequilibrios percibidos** o **sentidos simbólicos** (poder, control, reconocimiento, libertad). Señales típicas:

- **Reproches de gasto:** "¿Otra vez compraste eso?"
- **Control excesivo:** "¿Por qué no me consultaste?"
- **Desigualdad emocional:** "Yo aporto más, así que decido."
- **Desvalorización del trabajo no remunerado:** "Eso no cuenta."
- **Silencios defensivos:** Evitar el tema para "no pelear".

Si no se abordan, tiñen el respeto, la admiración, la sexualidad y la sensación de **equipo**.

13.4 Modelos de organización financiera en la pareja (sin dogmas)

No existe "la" fórmula, sino **acuerdos conscientes** que ambas personas perciban como **justos**.

- **Tradicional.** Una persona aporta dinero; la otra sostiene el hogar.
- Puede funcionar con **reconocimiento explícito** y poder compartido.
- Riesgo: **dependencia** y asimetrías de decisión.
- **Dual.** Ambas personas aportan (igual o proporcional).

- Fortalece **autonomía y corresponsabilidad**; puede usar cuenta común o separadas.
- Riesgo: "cada quien lo suyo" y pérdida del **nosotros**.
- **Híbrido.** Ingresos desiguales con **aportes proporcionales** y autonomía para ambos.
- Sensación de **equidad adaptada** a la realidad.
- Riesgo: culpas, exigencias silenciosas o "deudas" emocionales.
- **Por proyectos.** Se organizan por **metas** (casa, viaje, educación).
- Da propósito y horizonte.
- Riesgo: descuidar gastos cotidianos o el "día a día" del vínculo.
- **Clave:** más que el formato, importa si **ambos se sienten vistos, respetados y valorados**.

13.5 Frases que revelan heridas con el dinero (ampliado)

Poder y control

"Yo pago, así que se hace como yo digo."

"Mientras vivas en *mi* casa, se gasta como *yo* decida."

"No compres nada sin avisarme."

"Si quieres decidir, aporta más."

Desvalorización del aporte (incluye trabajo no remunerado)

"No opinas si no aportas."

"Eso que haces en casa no cuenta como trabajo."

"Yo traigo el dinero; lo tuyo son *tus cositas*."

"Cuidar niños no es aportar."

Deuda emocional y contabilidad afectiva

"¿Cuánto pusiste tú?"

"Te presto, pero me lo debes *todo*."

"Ya te invité la semana pasada ahora te toca a ti."

"Yo pagué el enganche así que la casa es mía."

Secretos y opacidad financiera

"No te digo lo que gano es *mi* problema."

"No me revises las cuentas."

"Invertí sin consultarte porque *sé más* de esto."

"No pidas factura así no se entera."

Creencias de escasez/abundancia (mandatos familiares)

"El dinero cambia a la gente."

"Si hay se va, mejor gastarlo ya."

"Ahorrar es para tacaños."

"Ganar más que tu pareja es falta de respeto."

Autoestima y desigualdades de ingreso

"Si ganas más que yo, me haces quedar mal."

"No puedo aceptar que pagues; me quita hombría/dignidad."

"Tu éxito me deja atrás."

"Me da vergüenza decir cuánto gano."

Límites, autonomía y libertad

"Es *mi* dinero; no tengo por qué explicarte."

"Tus gastos *personales* son un desperdicio."

"Tu dinero no es mío pero mis gastos sí lo son para ti."

"Voy a seguir ayudando a mi familia aunque no te guste."

Lealtades y familia de origen

"En mi casa siempre se ayudó *a los míos* primero."

"Tu familia se cuelga de nosotros."

"Lo que recibes de tus padres es de los dos."

"A tus hermanos *otra vez* les das dinero y acá faltan cosas."

Crianza y hogares ensamblados

"Gastas en *tus* hijos, no en *los nuestros*."

"No voy a pagar nada de *tus* obligaciones."

"Decides cosas de la escuela sin consultarme."

"Tus hijos son un *hoyo negro* de dinero."

Separación, patrimonio y amenazas [FOCO ROJO]

"Si te vas, te dejo sin nada."

"Firma, si confías en mí."

"Quítate ese trabajo; no lo necesitas."

"Dame tus claves si no, algo ocultas."

Si aparecen frases con **amenaza/coerción, prohibición de trabajar, retención de recursos o endeudamiento forzado**, hablamos de **violencia económica**. Prioriza seguridad y ayuda profesional.

Estas frases apuntan a **falta de acuerdos**, **injusticia percibida** o **narrativas de desconfianza**. La terapia, aquí, no empieza por los números sino por **historias y creencias**.

13.6 Señales tempranas y de riesgo (financieras)

- **Focos amarillos:** promesas pequeñas que se incumplen, compras "ocultas", evitar revisar deudas, decisiones unilaterales "por tu bien", competir por "quién aporta más".
- **Focos rojos (violencia económica):** impedir trabajar/estudiar, **retener documentos/dinero**, vigilancias y castigos económicos, endeudamiento forzado, dejar sin recursos básicos. Ante esto, **priorizar seguridad y red de apoyo.**

13.7 ¿Cómo nos organizamos frente al dinero? (cuadro rápido)

Modelo	¿Quién aporta?	¿Cómo se administra?	Fortalezas	Riesgos
Tradicional	Una persona dinero / otro hogar	Centralizada o informal	Roles claros; valor del cuidado	Dependencia, asimetría de poder
Dual	Ambas (igual o proporcional)	Cuenta común y/o separadas	Corresponsabilidad, transparencia	Competencia encubierta, "cada uno lo suyo"
Híbrido	Ingresos desiguales	Aportes proporcionales + autonomía	Sensación de justicia	Culpa, "deudas" implícitas
Por proyectos	Ambas a metas	Aportaciones por objetivo	Propósito compartido	Descuidar lo cotidiano

13.8 Cinco acuerdos mínimos para bajar la tensión

- **Tope de compras sin consulta.** Monto a partir del cual se avisa antes.
- **Calendario de revisión.** 15–20 min, **1 vez al mes** (ingresos, deudas, metas, ajustes).
- **Trabajo no remunerado = trabajo**. Nombrar y **valorar** explícitamente cargas domésticas y de cuidado.
- **Transparencia práctica.** Accesos a información relevante (cuentas, presupuestos) con **límites sanos**.
- **Plan de contingencia.** Fondo de emergencia y pasos claros ante imprevistos.

13.9 CREO®-ligero para hablar de dinero (guion en 90–120 seg.)

- **Centrar:** "Quiero hablar de *X compra/deuda/acuerdo* (hecho concreto)."
- **Reflexionar:** "Me sentí ___ porque necesito ___ (seguridad/claridad/justicia)."
- **Elegir:** "Quiero que esto sea constructivo; no busco culpas."
- **Operar:** "¿Podrías ___ en ___ (cuándo/dónde)? Sabremos que funciona si ___; lo revisamos el __."

13.10 Del reproche al pedido (ejemplos listos)

- "Siempre estás comprando online" → "¿Acordamos tope sin consulta y 24 h de 'enfriamiento' para compras grandes?"
- "Gastaste sin avisar" → "¿Me avisas si supera ___ y lo vemos juntos?"

- "No me alcanza ni para mí" → "¿Revisamos egresos fijos y armamos fondo básico?"
- "Tú decides todo" → "¿Tomamos *juntos* X decisiones económicas al mes y las agendamos?"

13.11 Rituales de orden sencillo (baja fricción)

Estos rituales están pensados para bajar tensión sin convertir la casa en una oficina. Son breves, repetibles y con impacto.

A) Ritual de los 3 frascos (o 3 cuentas)

Para qué sirve: dar rumbo al dinero y evitar discusiones difusas.

Qué son:

- **Gastos del mes** (circulación): renta/hipoteca, comida, transporte, servicios, escuela, etc.
- **Ahorro/colchón**: imprevistos y fondo de seguridad.
- **Proyecto compartido**: metas con nombre y fecha (viaje, remodelación, curso, enganche).

Cómo armarlo (paso a paso):

1. Elijan **porcentajes iniciales modestos** y realistas (p. ej., 70% gastos / 20% ahorro / 10% proyecto).
2. Definan **quién aporta** y **cómo**: por igual o **proporcional al ingreso neto** (ej.: quien gana 60% del ingreso familiar aporta 60% del total acordado).
3. Programen **depósitos automáticos** el día de pago (disminuye olvido y fricción).
4. Acorden **transparencia** en las cuentas comunes (ambos pueden ver) y **autonomía** en lo personal (cada uno conserva su cuenta propia para gastos individuales).

5. **Revisen cada 3 meses** y ajusten porcentajes si cambió la realidad.
6. **Variantes útiles:**
7. **4.º frasco "libertad personal"**: pequeño monto mensual por persona sin justificar (reduce micropeleas).
8. **Frasco "deuda prioritaria"** si corresponde: se financia antes del proyecto.
9. Ingresos variables: usar **porcentajes**, no montos fijos; crear **sub-frasco de estacionalidad** (para meses flojos).

Ejemplo rápido (proporcional): Ingreso A: $25,000 | Ingreso B: $15,000 (total $40,000). Aporta A el 62.5% y B el 37.5% de los montos comunes. Si "Gastos + Ahorro + Proyecto" suman $20,000, A aporta $12,500 y B $7,500.

Errores por evitar: mezclar todo sin reglas; ocultar ingresos; usar el "proyecto" para gastos del mes; no revisar porcentajes.

Señal de que funciona: menos discusiones por "en qué se fue", más claridad y sensación de equipo.

B) Apagón de pantallas en 1 comida diaria (5–10 min)

Para qué sirve: reconectar sin pelear por números; microhábito de presencia. **Regla:** sin celulares, TV ni laptops. Solo conversar **5–10 minutos**.

Guion breve (3 movimientos):

- **Emoción en una frase:** "Hoy me sentí… (cansado/a, tranquilo/a, preocupado/a)"
- **Un dato práctico:** "Esta semana pagué ___ / entra ___ / hay que considerar ___."
- **Microcierre amable:** "Gracias por ___ / Te propongo ___ mañana."

- **Tips:** horario fijo (desayuno/cena), si hay niños, hacerlo al inicio antes de logística.
- **Errores por evitar:** convertirlo en auditoría o sermón.
- **Señal de que funciona:** sensación de estar al tanto sin agobio, mejor tono general en casa.

C) Domingo de acuerdos (15 min/mes)

Para qué sirve: mantener curso sin culpas ni reuniones eternas.

Estructura simple (semáforo):

- **Verde (funcionó):** "Pagos al día / No hubo recargos / Tuvimos 2 comidas sin pantallas."
- **Amarillo (ajustar):** "Nos atrasamos en ___ / Falta definir tope para ___."
- **Rojo (decidir hoy):** "Deuda X / Gasto que se nos vino / Cambio de porcentaje."

Roles rotativos:

- **Facilitador/a (5 min):** lee semáforo, mantiene tono.
- **Relator/a (5 min):** anota acuerdos en 3 líneas.
- **Cierre (5 min):** 1–2 **microdecisiones** con **fecha** (no más).

Ejemplo de cierre:

"1) Tope de comidas fuera: $___ hasta el 30;

2) Aporte al proyecto: 10% este mes." **Regla de oro: no reproches**; si hay tensión, se agenda para una conversación aparte (no acá).

Señal de que funciona: decisiones claras en menos de 15 minutos y cero sensaciones de juicio.

D) Aprecio económico explícito (1 vez por semana)

Para qué sirve: reconocer lo visible y lo invisible (incluido el trabajo de cuidado). El aprecio reduce la "contabilidad afectiva" y fortalece el nosotros.

Cómo hacerlo (60–90 segundos):

- **Concreto:** "Gracias por ___ (ej.: negociar el seguro, llevar el Excel, cocinar diario, cuidar a tu mamá, gestionar la tarea de los niños)."
- **Impacto:** "Eso me dio ___ (tranquilidad, tiempo, claridad)."
- **Vínculo:** "Me hace sentir que estamos en lo mismo."
- **Variantes:**
- **Ritual 3×3 semanal:** cada uno nombra **3 aportes** del otro (económicos, de cuidado, de gestión).
- **Nota/WhatsApp** si no coinciden en horarios.
- **Niños incluidos:** un "gracias familiar" por semana enseña cultura de valoración.
- **Errores por evitar:** halagos genéricos ("gracias por todo") ironía o usar el aprecio como moneda de cambio. **Señal de que funciona:** el otro puede decir qué hizo bien sin sentirse evaluado; sube la cooperación espontánea.

Si hay resistencia a los rituales

- **Empieza micro:** 1 comida sin pantalla a la semana + 1 aprecio.
- **Nombra el beneficio, no la obligación:** "Quiero menos peleas y más claridad."
- **Pon fecha de prueba:** "Lo probamos 30 días y reevaluamos."
- **Recordatorio ético**

- Si hay **ocultamiento grave de recursos, coerción financiera, prohibición de trabajar, endeudamiento impuesto o amenazas**, hablamos de **violencia económica**. Prioriza seguridad y busca ayuda profesional especializada.

13.12 Preguntas para la reflexión en pareja

- ¿Qué aprendí en casa sobre dinero, gasto y ahorro?
- ¿Me siento cómodo/a hablando de esto contigo?
- ¿Qué conversación pendiente tenemos (aportes, deudas, metas)?
- ¿Nuestro modelo actual nos resulta justo? ¿Qué ajustaríamos?
- ¿Mi aporte doméstico/cuidado está **realmente** reconocido?

13.13 Dinámicas sistémicas y mirada simbólica

Una lectura sistémica (inspirada en Hellinger) observa el **equilibrio en dar y recibir** y las **lealtades familiares** (culpa por prosperar, repetir sacrificios del linaje, etc.). Otras lecturas simbólicas hablan de energías de **dirección/estructura** (hacer, planificar) y de **recepción/creatividad** (permitir, agradecer, disfrutar).

No se trata de estereotipos, sino de integrar ambas dimensiones: **generar** y **recibir** con conciencia y gratitud.

Para explorar juntos:

– ¿Qué aprendimos sobre dinero "ganado" y "recibido"?

– ¿Agradecemos el aporte del otro, incluso si no es monetario?

– ¿Nos permitimos prosperar juntos sin sabotajes?

12.14 Intervención terapéutica sugerida (paso a paso)

- **Mapa económico-emocional.** Historia de cada uno con el dinero (mandatos, miedos, éxitos, vergüenzas).
- **Roles y aportes visibles.** Nombrar también el **trabajo no remunerado**.
- **Acuerdos explícitos.** Tope de compras, revisión mensual, metas, accesos a información.
- **Rituales prácticos.** 3 frascos/cuentas; domingo de acuerdos; aprecio explícito.
- **Creencias y apego.** Detectar gasto impulsivo, ahorro rígido, control por miedo; trabajar vulnerabilidad y pedido de seguridad.
- **Derivación cuando aplique.** Compulsiones, deudas severas, trauma financiero: terapia individual y/o asesoría financiera.

13.15 Abordaje terapéutico: recursos para psicólogos

Encuadre claro. "Hoy no buscamos 'quién tiene razón', sino pactar **dos microcambios observables**." Señalar **palabra de pausa** y hora de retorno si sube activación.

1. **Visibilizar lo invisible. Poner valor** al trabajo de cuidado y logística.
2. **3-3-3 de espejo guiado.** 3 parafraseos, 3 validaciones, 3 preguntas abiertas (p. ej., "¿qué fue lo más difícil?", "¿qué te ayudaría hoy?").
3. **Peticiones SMART** (positivas, específicas, observables, marco temporal).
4. **Indicador + fecha de revisión.** "Sabremos que ocurrió si ___; lo vemos el ___."

5. **Tareas mínimas (una a la vez).** 3 frascos/cuentas; tope sin consulta; domingo de acuerdos; aprecio económico semanal.
6. **Ética y seguridad.** Detectar **violencia económica** y asimetrías de poder; **proteger al miembro más vulnerable** y activar redes/protocolos.
7. **No hacer.** Moralizar estilos de gasto/ahorro, imponer un modelo único, usar vergüenza como "motivación".

13.16 Cierre: hablar de dinero es cuidar el vínculo

El dinero no garantiza el amor pero su **manejo refleja cómo amamos**. Cuando se habla con honestidad y respeto, el dinero deja de imponer su ley silenciosa. No es la cuenta bancaria lo que rompe a una pareja sino el **silencio, el juicio y la desconfianza**. Las microconversaciones, los microacuerdos y los microgestos de valoración sostienen la **prosperidad compartida**.

Capítulo 14.

Gestión de la sexualidad.

Más allá de la piel, más cerca del vínculo.

14.1 Introducción: la sexualidad como pilar silencioso

Advertencia ética de seguridad. Si hay coerción, presión, chantaje, dolor persistente, miedo, consumo problemático que afecte el consentimiento o antecedentes de violencia sexual, **prioriza tu seguridad** y busca ayuda profesional especializada. Las herramientas de este capítulo no sustituyen intervención de riesgo.

En muchas parejas la sexualidad inicia como terreno fértil de encuentro, deseo y juego. Con el tiempo, puede volverse silenciosa: no desaparece pero se deja de hablar. La sexualidad es un pilar vital —y a menudo olvidado— del vínculo. Gestionarla no es "controlar el deseo" sino aprender a encontrarse desde el respeto, la ternura y la creatividad. El cuerpo habla un lenguaje que también dice "te veo", "te cuido", "estoy".

Preguntas para iniciar

- ¿Qué lugar ocupa hoy la sexualidad en nuestra relación?
- ¿Podemos hablar de ella con libertad y respeto?
- ¿Nuestra vida sexual refleja lo que necesitamos emocional y corporalmente?

14.2 Seguridad y consentimiento: el marco que lo hace posible

La base de toda intimidad sana es el **consentimiento claro, entusiasta y continuo**. Se puede retirar en cualquier momento y debe respetarse sin represalias. Acordar **límites, una palabra/señal de pausa** y cómo retomar si algo incomoda protege el vínculo.

Mini-guion de cuidado

Antes: "¿Qué te gustaría hoy? ¿Qué no?"

Durante: "¿Así está bien? ¿Seguimos/paramos/cambiamos?"

Después: "¿Cómo te sentiste? ¿Qué te ayudó/qué no?"

14.3 Desmontar tabúes: del silencio a la conversación

Históricamente hablar de sexo generó vergüenza. Lo que no se nombra, se distorsiona. Poner palabras a **deseos, dudas y límites** libera culpa y previene resentimientos. El objetivo no es "rendir" sino **encontrarse**.

Para conversar sin guerra

1. Usa primera persona ("yo necesito..."), evita etiquetas ("eres frío/a").
2. Habla de **conductas** y **contextos** ("cuando apagamos la luz de golpe me desconecto").
3. Pide, no exijas ("¿podrías...?") y valida al otro.

14.4 Sexualidad cotidiana: piel, ternura y conexión

El erotismo comienza fuera de la cama: abrazos, miradas, humor, complicidad; la **ternura** prepara el terreno del deseo. Cuando la pareja se desconecta afectivamente es difícil reconectar sexualmente.

Micro-rituales diarios

1. Un saludo intencional al llegar (contacto, mirada, frase amable).
2. 10–15 minutos de conversación sin logística.
3. Un gesto de aprecio explícito cada día.

14.5 Las "fases lunares" del deseo: ciclos y temporadas

El deseo **no es constante**. Fluctúa con el estrés, el descanso, la crianza, la salud, la medicación, el ánimo. Comprender ciclos evita culpas y permite **acompañarse**.

Mapa rápido

1. Alta marea: mayor espontaneidad.
2. Marea baja: deseo más **responsivo** (aparece al iniciar el acercamiento con cuidado).
3. Estación de reparación: priorizar ternura, descanso, juego sin presión.

Preguntas guía

- ¿Qué despierta tu deseo? ¿Qué lo inhibe?
- ¿Qué señales te indican que hoy necesitas suavidad o pausa?

14.6 Sexualidad reproductiva vs. sexualidad creativa

La sexualidad no es sólo procreación ni "cumplir". Es **juego, comunicación y presencia**. La creatividad erótica no implica "performear" sino salir del automático: nuevas secuencias, ritmos, lugares seguros, formas de contacto, palabras.

Pequeñas variaciones, gran efecto

1. Intercambiar el orden (ternura → juego → erotismo).
2. Bajar velocidad y **alargar el preludio**.
3. Un día con enfoque sólo en caricias (sin coito).

14.7 Cuidar el vínculo: no somos objetos

Cuando alguien se siente usado, el resentimiento invade. La sexualidad necesita **presencia**: mirar, escuchar, percibir. Preguntar **antes, durante y después** sostiene el sentido relacional del encuentro.

Chequeo de humanidad en 30 segundos

1. "¿Cómo estás?"
2. "¿Qué te gustaría hoy?"
3. "¿Hay algo que prefieras evitar?"

14.8 Hablar de sexualidad: pendientes y acuerdos

Muchas parejas nunca han conversado abiertamente del tema. Una **conversación bien cuidada** previene años de malentendidos.

Estructura simple (5 pasos)

1. Observación sin juicio: "Últimamente…"
2. Emoción: "Me siento…"
3. Necesidad: "Necesito…"
4. Petición concreta: "¿Podrías… (qué, cómo, cuándo)?"
5. Validación: "Gracias por escucharlo, dime tú cómo lo vives."

14.9 Sexualidad como reciprocidad

El encuentro es de **dos**: reconocer ritmos, gustos, inseguridades. Generosidad no es sacrificio; es negociar para que ambos **queden vistos y cuidados**.

Pequeño pacto

- Hoy el ritmo lo marca A; mañana, B.
- Una cosa que pides / una cosa que ofreces.

14.10 Prácticas modernas y diversidad

Sexo virtual, kink, vínculos no monogámicos, juguetes: todo **puede** ser saludable si hay consentimiento, información, cuidado y acuerdos. No todas las parejas son heterosexuales ni todos los cuerpos sienten igual: la **diversidad** es parte de lo humano.

Tres preguntas clave

1. ¿Qué nos da curiosidad?
2. ¿Qué límites tenemos hoy?
3. ¿Cómo reparamos rápido si algo incomoda?

14.11 Cambios fisiológicos y emocionales

Menopausia, andropausia, posparto, condiciones de salud, dolor, medicación (p. ej., ISRS) impactan el deseo y la respuesta sexual. No es el final: es una **transición**.

Apoyos prácticos

1. Lubricantes adecuados; ritmos más lentos.
2. Fisioterapia de suelo pélvico; urología/ginecología/sexología.
3. Dormir mejor, bajar estrés, mover el cuerpo.

14.12 Herramientas prácticas para casa

A) Sensate Focus (sin presión de orgasmo/penetración)

- Sesión 1: caricias no genitales, exploración de texturas, presiones, temperaturas.
- Sesión 2: incluir zonas erógenas si ambos quieren.
- Regla: **no** se busca "logro"; se busca **sensación y presencia**.

B) Lista "Sí / No / Tal vez"

- Cada uno marca prácticas que sí, que no y que tal vez exploraría. Comparan y construyen un **terreno común**.

C) Mapa de placer

- Señalar en una figura corporal zonas agradables, neutras, incómodas; guiarse por ese mapa.

D) Agenda íntima amable

- 1 cita breve de ternura a la semana (20 min).
- 1 encuentro erótico sin coito cada 15 días.
- 1 conversación de 10 min al mes para revisar cómo vamos.

14.13 Señales para pedir ayuda profesional

Dolor persistente (vulvodinia, vaginismo, dispareunia) o disfunción eréctil sostenida.

1. Anorgasmia, ausencia de deseo con malestar subjetivo.
2. Trauma sexual previo, flashbacks, miedo intenso a la intimidad.
3. Coerción, chantaje, control o humillación: **violencia sexual**.
4. *Pedir ayuda no es fracaso: es cuidado.*

14.14 Abordaje terapéutico: recursos para psicólogos

Encuadre. "Hoy no buscamos rendimiento ni culpables sino un lenguaje común de cuidado". Acordar palabra/señal de pausa y **hora de retorno** si sube la activación.

Estructura sugerida (50–60 min)

- **Centrar**: un microtema conductual (no rasgos).
- **Psicoeducar** brevemente: ciclos del deseo (incluyendo deseo responsivo) dual control (frenos/ aceleradores) impacto del estrés y del sueño.
- **Mapear el ciclo vincular** (EFT): quién persigue / quién se retira; nombrar miedos primarios.
- **Espejo guiado 3–3–3**: tres parafraseos, tres validaciones, tres preguntas de clarificación.
- **Explorar límites/deseos** con "Sí/No/Tal vez"; construir **zona compartida**.
- **Prescribir práctica** (p. ej., Sensate Focus, cita de ternura, agenda íntima amable).
- **Dos peticiones SMART** (positivas, específicas, observables, con marco temporal) + **indicador** ("sabremos que ocurrió si…") y **fecha de revisión**.
- **Criterios de derivación**: dolor, disfunción persistente, trauma activo, coerción → sexología clínica, piso pélvico, trauma.
- **Tono clínico.** Neutralidad activa, sensibilidad a diversidad sexual y de género, reconocimiento del trabajo de cuidado invisible, perspectiva cultural.

14.15 Reflexión final

La sexualidad no es un examen que aprobar, es un **lenguaje de encuentro**. Se nutre de ternura, curiosidad y acuerdos. Cuando se habla con respeto, se practica con cuidado y se repara a tiempo, el cuerpo deja de ser campo de batalla y vuelve a ser **casa compartida**.

Capítulo 15.

Adaptarse y Sostenerse: Cambios y Desafíos en la Vida en Pareja.

Unir lo que se transforma sin romper lo esencial.

"No es el cambio lo que duele,

es la resistencia a cambiar."

— Carl Jung

15.1 La pareja no es una fotografía, es una película en movimiento

Toda relación atraviesa estaciones: Hay primaveras de inicio, veranos de plenitud, otoños de ajuste y, a veces, inviernos que piden abrigo extra. Lo que define la madurez de un vínculo no es cuán intenso fue el comienzo sino la capacidad de **adaptarse juntos** a lo que la vida trae: mudanzas, hijos, pérdidas, ascensos, cansancios, nuevos sueños. Una pareja emocionalmente responsable no romantiza ni demoniza el cambio; lo **reconoce, lo conversa y lo atraviesa**. Porque el cambio pide soltar lo conocido y eso da miedo pero también abre puertas a formas más honestas de estar.

15.2 Tipos de cambios que impactan la relación

El cambio no llega siempre por la misma puerta. Distinguir su tipo ayuda a elegir mejor el cuidado que necesita.

Tipo de cambio	Ejemplos	Riesgo si se evita	Claves de cuidado
Externos no elegidos	Despido, crisis económica, mudanza forzada	Culpa y reproches; sensación de "sálvese quien pueda"	Flexibilidad; plan de 30–90 días; pedir/aceptar ayuda
Internos del ciclo vital	Llegada de un hijo, adolescencia, nido vacío, envejecimiento	Confundir transición con "fracaso"	Reacomodo explícito de roles; ritmos más humanos
Elegidos en común	Emprender juntos, migrar, redefinir el vínculo	Que uno "acate en silencio"	Decisión informada; expectativas y límites por escrito
De uno que afectan al otro	Nueva vocación, giro espiritual, proceso terapéutico	Desfase de crecimiento; celos del cambio	Espacios personales y rituales de pareja; tiempos de revisión
Salud/pérdida	Diagnóstico, discapacidad, duelo	Aislamiento o hipercarga en uno solo	Red de apoyo; ternura práctica; objetivos semanales alcanzables

15.3 Desafíos comunes en la vida de pareja

1. **La rutina como anestesia emocional.** Cuando todo es predecible, lo esencial se hace invisible. No falta amor: **falta presencia.**
2. **La presión externa.** Hay más voces opinando que corazones escuchándose; se necesitan **límites amables**.
3. **La desconexión de la intimidad emocional.** Sin ternura cotidiana el deseo se enfría.
4. **La distancia emocional o física.** El "nosotros" se achica si no se **blindan rituales** de encuentro breve pero constante.
5. **Las separaciones responsables.** A veces el acto más amoroso es cerrar con dignidad.

15.4 Resistencias comunes al cambio

La resistencia no es enemiga: es una **guardiana** de lo conocido. Conviene dialogar con ella.

Resistencia	Lo que protege	Señal típica	Intervención en una línea
Idealizar el pasado	Identidad y seguridad	"Antes sí nos entendíamos"	Honrar lo que funcionó y elegir qué conservar del "antes"
Miedo al futuro	Control y previsión	"¿Y si sale mal?"	Ensayo de 30–60 días con fecha de revisión
Apego al control	Autonomía	"Sólo confío si lo hago yo"	Delegar una tarea pequeña con indicador claro
Desfase de crecimiento	Pertenencia	"Te desconozco"	Espacios individuales + ritual de pareja semanal
Fatiga emocional	Energía	"Estoy cansado/a para esto"	Bajar metas, subir descanso; menos cosas, mejor hechas

Ejemplo breve —"Me resisto a la mudanza; siento que me diluyo." —"Tiene sentido. Hagamos un **puente** de 60 días: tú conservas base aquí, yo preparo allá. Revisamos cada domingo y decidimos juntos."

15.5 Adaptación emocional responsable

Adaptarse no es resignarse. Es **reconocer lo que cambió, validar lo que duele y refigurar el 'nosotros'** sin perder el yo.

Pistas prácticas

- **Nombrar el hito:** "Entramos a una etapa nueva: tu ascenso/mi tratamiento/la llegada del bebé."
- **Actualizar necesidades:** "Ahora necesito previsibilidad/ayuda/quietud."

- **Redibujar roles:** "Por tres meses, yo asumo X, tú Y; semana 8 revisamos."
- **Blindar lo esencial:** una comida sin pantallas + 20 minutos de charla sin logística.
- **Celebrar micro-logros:** lo pequeño sostenido merece "bien ahí".

Micro-pacto de 90 días

Elemento	Acuerdo
Quién-qué-cuándo	"Yo llevo a la escuela lun–mié; tú jue–vie. Domingo 6:30 p. m. revisión."
Indicador	"Funcionó si 3/4 domingos hubo revisión y ambos calificamos ≥7/10 el 'nos sentimos equipo.'"
Plan B	"Si falla el domingo, pasa al lunes 8:30, sin culpas."

15.6 C.R.E.O.® en movimiento (escena guiada)

El método organiza la conversación para que no se ahogue en emociones ni se pierda en logística.

Fase C.R.E.O.®	Objetivo	Guía de lenguaje	Ejemplo aplicado
Centrar	Poner sobre la mesa el **hecho concreto**	"Quiero hablar de ___ (situación específica)."	"Quiero hablar de tu propuesta de trabajar fines de semana. Los dos últimos sábados cené sola."
Reflexionar	Nombrar **emoción + necesidad**	"Me sentí ___ porque necesito ___."	"Me sentí en segundo plano y necesito un espacio fijo contigo."
Elegir	Cuidar el clima y la actitud	"No quiero pelear; busco un arreglo justo. Si me activo, digo 'amarillo' y retomamos en 25 minutos."	Marco de cuidado pactado

Fase C.R.E.O.®	Objetivo	Guía de lenguaje	Ejemplo aplicado
Operar	Convertir en **petición SMART** con recursos y fecha de revisión	"¿Podrías ___ en ___ (cuándo/dónde)? Revisamos el ___."	"¿Podrías reservar **los domingos de 6 a 8** sólo para nosotros, sin pantallas, y avisar el viernes si habrá cambio? Revisamos el 28."

15.7 Caso clínico: "No quiero que cambie nuestra vida"

Contexto. Andrea y Mauricio, ocho años juntos en Guadalajara. A él le ofrecen ascenso en Monterrey; ella compite por uno local. Las charlas se vuelven evasivas: "¿Por qué justo ahora?" / "No minimices lo que esperé años."

Lo que pasó en sesión. Aplicaron C.R.E.O.: **centraron** (ascenso y mudanza), **reflexionaron** (Andrea teme perder identidad profesional; Mauricio teme dejar pasar una oportunidad única), **eligieron** marco de cuidado (palabra de pausa "amarillo", tono bajo, sin ironía) y **operaron** con un acuerdo puente de 90 días.

Acuerdo puente (Ejemplo)

Bloque	Detalle
Logística	Mauricio viaja 3 días/semana; Andrea mantiene base y explora opciones híbridas.
Rituales	Llamada fija mar–jue 21:15; domingo 19:00 video revisión de 20 min (sin logística, con emociones y ajustes).
Criterios	Éxito si cumplen 10/12 llamadas y 10/12 revisiones; ambos ≥7/10 en "nos sentimos equipo".
Decisión	Día 75: cada quien presenta dos escenarios (A/B) con pros y límites. Día 90: eligen juntos o acuerdan prórroga.

Giro clave. Andrea pudo decir: "No me oponía a tu sueño; temía desdibujar el mío." Mauricio respondió: "Quiero el ascenso contigo, no sin ti." El conflicto pasó de "tú vs. yo" a **"nosotros vs. el dilema."**

15.8 Abordaje terapéutico: recursos para psicólogos

Encuadre. "Hoy no buscamos quién tiene la razón; buscamos **dos microcambios observables** para transitar este cambio sin romper el vínculo". Acordar palabra de pausa y hora de retorno.

Paso de sesión (40-60 min)	Acción del terapeuta	Producto observable
Mapeo del cambio	"¿Qué cambió? ¿Qué duele? ¿Qué desean conservar?"	Lista breve: cambio/dolor/tesoro a preservar
Escucha con espejo	Parafraseo + validación + 1 pregunta abierta	Dos emociones y una necesidad por persona
Peticiones SMART	Ayudar a formular en positivo, específico y medible	1 petición por persona con indicador y fecha
Ritual mínimo	Proponer un encuentro sin pantallas + revisión dominical	Agenda compartida con recordatorio
Criterios de cuidado	Pausa si hay desprecio o activación 7/10; derivar si hay riesgo	Protocolo de pausa/retorno visible

15.9 Preguntas para conversar en pareja

- ¿Qué cambios grandes ya atravesamos y qué nos enseñaron de nosotros?
- ¿Cuál nos unió y cuál nos distanció? ¿Por qué?
- ¿Qué emociones me trae **este** cambio: miedo, ilusión, rabia, cansancio?
- ¿Qué necesito ahora de ti (concreto, observable, con marco temporal)?
- ¿Qué ritual mínimo blindamos por 90 días para cuidarnos en la transición?
- ¿Qué parte del pasado vale la pena conservar y qué parte es hora de soltar?

15.10 Reflexión final del capítulo

La vida en pareja no está hecha para la perfección sino para el **movimiento consciente**. El amor que permanece no es el que se aferra a lo que fue sino el que se **atreve a reinventarse** con lo que es. Los cambios no siempre separan a veces reordenan y las crisis bien conversadas se vuelven puentes.

El compromiso real no es con la inmovilidad sino con la **evolución compartida**: seguir eligiéndose, con curiosidad y ternura, mientras todo alrededor —y también dentro— sigue cambiando.

Capítulo 16.

Sistema familiar, roles y lealtades.

Cuando el árbol genealógico se vuelve espejo y también puente.

16.1 Introducción: el hogar como primer idioma

Nadie llega a la pareja "en blanco". Traemos voces antiguas, costumbres, silencios, formas de pedir y de ceder. En casa aprendimos a amar, a discutir, a reparar o a huir. Por eso, comprender el **sistema familiar** no es mirar hacia atrás por nostalgia sino para entender por qué hoy delante de quien amamos, a veces reaccionamos como si tuviéramos ocho años. Este capítulo te acompaña a mapear tu sistema, a reconocer **roles** que te sirvieron pero ahora aprietan y a soltar **lealtades** que honran el pasado sin condenar el presente.

16.2 El sistema familiar como organismo vivo

Una familia es un **sistema**: lo que hace uno impacta al resto. Ese sistema tiene **límites** (qué se permite, qué se calla) **subsistemas** (pareja, filial, fraternal) **alianzas** y **jerarquías**. Cuando los límites son claros y flexibles el amor circula; cuando son difusos o rígidos aparecen confusiones de rol, triangulaciones y conflictos que se repiten (Linares, 2003).

Imagina un domingo: La mesa está puesta, las risas suenan como cubiertos y sin embargo hay un silencio que nadie nombra "de esto no hablamos". La abuela opina sobre el trabajo de todos, mamá rellena los vacíos con postres, papá levanta una ceja y con eso basta para que la conversación cambie de carril. Es un baile conocido. Nadie lo ensayó pero todos lo bailan. Eso es un sistema vivo.

Señales de salud sistémica

Hay lugar para cada uno (sin hijos "pareja de mamá/papá").

Los adultos son pareja entre sí y los hijos son hijos, no confidentes ni árbitros. Se nota cuando decisiones íntimas de la pareja no se consultan con los niños y los abuelos son abuelos (no "segundos padres"). *Ejemplo:* si hay desacuerdo, la pareja lo conversa en privado y luego comunica el acuerdo sin usar al hijo como mensajero.

La pareja lidera sin autoritarismo.

Hay una autoridad clara, firme y afectuosa: se ponen límites pero se explica por qué y se escucha. Nadie manda "por miedo" sino que se orienta "con presencia". *Ejemplo:* "Hoy no hay pantallas porque mañana hay examen; si necesitas ayuda te acompaño 20 minutos a estudiar".

Los conflictos se nombran y se reparan.

No se niega el problema ni se eterniza el rencor. Aparecen disculpas concretas, reparación y aprendizaje ("¿qué haremos distinto la próxima?"). *Ejemplo:* "Ayer te hablé con dureza lo lamento. Hoy retomo con un tono más suave y te propongo que revisemos juntos el plan".

Tradiciones y reglas se revisan con el tiempo.

El sistema no se rompe al cambiar; se actualiza. Las rutinas se adaptan a las etapas (bebés, adolescencia, nido vacío) y a nuevas realidades. *Ejemplo:* Navidad un año con una familia y al siguiente con la otra; horarios renegociados cuando los hijos trabajan o estudian de noche.

16.3 Órdenes del amor (leyes sistémicas): pertenencia, orden y equilibrio

Antes de entrar a roles y lealtades, vale nombrar la brújula que orienta a muchos sistemas familiares. No son dogmas sino **principios de organización** que cuando se desatienden suelen aparecer como síntomas, peleas circulares o cansancio inexplicable. Hablamos de tres ejes: **pertenencia, orden** y **equilibrio** (Hellinger, B. (1997); Órdenes del amor. Herder).

1) Pertenencia: "Aquí hay lugar para todos"

Un sistema se tensiona cuando **alguien es excluido** (un excónyuge importante, un hermano no nacido, un abuelo del que "no se habla"). La exclusión genera *vacíos* que otros intentan ocupar sin saberlo: un hijo que "carga" la tristeza de una tía, una pareja que repite la historia silenciada.

Señales de alerta

- Chivos expiatorios ("siempre el problema es X").
- Secretos que organizan silencios y bandos.
- Culpa difusa o duelos que no se terminan.

Microintervenciones

- Nombrar sin morbo: "En nuestra historia también está ___; lo honramos con verdad y seguimos".
- Incluir con un gesto simbólico (foto, una vela, una línea en el genograma).
- Frase-ritual breve: "*Todos los que pertenecen tienen un lugar en nuestro corazón así el amor puede fluir hacia adelante*".

2) Orden: "Cada uno en su sitio"

El sistema respira mejor cuando **los grandes van primero y los pequeños después**; los padres dan y los hijos toman. En la pareja, el orden sano implica **ser pareja entre sí** (no "con un hijo como aliado") y colocar a las familias de origen *detrás*, como sostén, no como dirección.

Señales de alerta

- Hijos mediadores o confidentes del adulto.
- Suegros ocupando el centro de decisiones íntimas.
- Pareja que se habla "como padres" y no como amantes.

Microintervenciones

- Límite amable: "Esto lo decidimos nosotros después lo compartimos".
- Ritual simple: agradecer a los padres "lo recibido" y devolver lo que no toca llevar.
- Frase-ritual: "*A ustedes los honramos como los grandes; ahora nosotros tomamos nuestra propia vida*".

3) Equilibrio: "Entre pareja, dar y recibir"

En los vínculos de **pareja** se busca un **balance vivo**: si uno da siempre y la otra toma sin reciprocidad (afecto, tiempo, cuidado, dinero), nace el resentimiento. Con los **hijos**, en cambio, la relación es asimétrica: padres dan, hijos reciben.

Señales de alerta

- Contabilidad emocional ("yo siempre", "tú nunca").
- Aportes invisibles (cuidado doméstico no reconocido).
- "Pago" de viejas deudas familiares a través de la pareja.

Microintervenciones

- Visibilizar contribuciones (económicas y de cuidado).
- Diseñar **pequeños retornos**: "si tú haces A, yo haré B", y revisarlos.

- Frase-ritual: "*Gracias por lo que das; yo también quiero sostener lo nuestro, hoy hago ___*".

Tabla práctica (para lectura rápida)

Orden sistémico	¿Señales de desorden?	Acción breve	Frase-ritual útil
Pertenencia	Secretos, chivos expiatorios, duelos congelados	Nombrar e incluir con un gesto simbólico	"Aquí todos tienen un lugar"
Orden	Hijos mediadores, suegros al mando, pareja sin lugar	Recolocar: pareja al centro; familias de origen como sostén	"Ustedes son los grandes; ahora decidimos nosotros"
Equilibrio	Desequilibrios crónicos, aportes invisibles	Visibilizar, acordar retornos, revisar cada mes	"Gracias; hoy yo hago mi parte: ___"

Miniaplicación con CREO® (en 5 líneas)

1. **Centrar:** "Notamos que tu hermano no nombrado sigue siendo tema silenciado."
2. **Reflexionar:** "Cuando lo ocultamos, se tensa el ambiente y discutimos sin razón."
3. **Elegir:** "Queremos incluirlo con respeto, sin morbo."
4. **Operar:** "Haremos un gesto simbólico en familia y diremos una frase breve de reconocimiento."

Señales de tensión sistémica

Secretos, alianzas silenciosas, "bandos".

Se forman grupos ("los de mamá" vs. "los de papá") y hay temas que sólo circulan en susurros o chats paralelos. El clima se espesa y las reuniones se vuelven territorios. *Ejemplo:* una tía y la abuela deciden por fuera "para que él no se entere", generando desconfianza y más ocultamientos.

Hijos cuidando emocionalmente a adultos.

Los niños contienen, consuelan o median entre mayores: **parentificación**. Carga que parece madurez, pero pesa. *Ejemplo:* el hijo que calma a la madre llorando por la pareja o que "traduce" al padre cuando hay peleas.

Temas tabúes ("de eso no se habla").

Asuntos relevantes (duelos, enfermedades, adicciones, quiebras, infidelidades) quedan prohibidos. El silencio organiza, pero enferma: aparecen síntomas, chistes crueles o explosiones. *Ejemplo:* "No le digan al abuelo lo del tratamiento" y todos actúan como si nada pasara.

Repetición de patrones de generación en generación.

Se heredan modos de amar/pelear (desprecio, control, evasión) o guiones de vida (quiebras, abandonos, sacrificios) sin revisión. *Ejemplo:* tres generaciones con "héroes" agotados y "rebeldes" aislados, o parejas que repiten la misma pelea con distinto argumento año tras año.

Idea guía: los sistemas cambian. Si el mapa familiar no se actualiza, la pareja paga el costo emocional (Johnson, 2008).

Cuando cada uno tiene un lugar, la pareja deja de pedirle al otro que compense lo que el sistema excluyó.

16.4 Triángulos, ciclos y diferenciación

Cuando la tensión sube, el sistema "llama a un tercero" (un hijo, la suegra, el trabajo, el celular) para aliviar la presión. A eso le llamamos **triangulación**. Te peleas con tu pareja y en lugar de hablar con ella, llamas a tu madre; o conviertes a tu hijo en mensajero ("dile a tu padre que…"). Alivia un momento pero cobra factura después.

El antídoto es fortalecer el **"nosotros"**: poder estar cerca sin perder el yo y ser yo sin romper el vínculo (Linares, 2003; Johnson, 2008).

Una escena común: él y ella discuten en voz baja. El niño entra con un dibujo. La madre lo sienta a su lado y lo abraza más de lo necesario. El conflicto se disuelve en el cuerpo pequeño del hijo que aprende —sin saberlo— a ser cortafuegos. De adulto, quizá será "mediador profesional" Y estará cansado sin saber por qué.

16.5 Roles familiares: máscaras que protegen y a veces encarcelan

En toda familia se reparten **papeles**. Al principio sirven (ordenan, calman, sostienen). El problema es cuando se vuelven la única forma posible de estar. Entre los más frecuentes: **héroe, rebelde, mediador, invisible, cuidador, chivo expiatorio**. Reconocer el propio rol no es culparse es **recuperar libertad**.

Tabla 1. Roles frecuentes y salidas practicables

Rol	Para qué surgió	Riesgo hoy	Micro-salida entrenable
Héroe	Dar orgullo/estabilidad	Agotamiento, control	Delegar 1 tarea/semana; pedir ayuda concreta
Rebelde	Poner límite a excesos	Aislamiento, conflicto crónico	Nombrar necesidad sin "anti"; proponer alternativa
Mediador	Bajar tensión	Perderse a sí mismo	Dejar 1 conflicto en manos de sus dueños; sugerir mediación externa
Invisible	No molestar	Autoanulación	Decir "hoy opino yo" 1 vez al día; ocupar un espacio
Cuidador	Sostener fragilidad	Sobre responsabilidad	Definir "esto sí/esto no"; descanso pactado
Chivo expiatorio	Canalizar culpas	Estigma, profecía cumplida	Reescribir etiqueta; celebrar logros pequeños

16.6 Pactos invisibles y lealtades: amor que ata o que impulsa

Además de roles, hay **mandatos silenciosos**: "no superes a papá", "las mujeres de esta casa aguantan", "aquí nadie se divorcia". Son **lealtades** al sistema de origen. Algunas nutren (esfuerzo, solidaridad) otras limitan (sacrificio, repetición de daños). Distinguir **tesoros** de **cargas** es un acto de amor adulto.

Tabla 2. Tipos de lealtad (y cómo se siente)

Tipo	Se nota así	Riesgo	Paso liberador
Explícita	"En esta familia todos son X"	Trayectorias impuestas	Redactar misión propia y consensuar excepciones
Implícita	"De esto no se habla"	Secretos, síntomas	Nombrar lo innombrable con respeto y límites
Compensatoria	"Yo logro lo que tú no"	Vivir por otro	Agradecer y **diferenciar**: "ahora es mi camino"
Sacrificial	"Yo me freno por ti"	Culpa, estancamiento	Permiso mutuo: "avanza y cuéntame cómo te va"

16.7 Autoexploración guiada

- ¿Qué **etiqueta** te asignaron de niño/a? ¿A quién se la heredaste o de quién la heredaste?
- ¿Qué **frases familiares** se te salen sin querer? ¿Te sirven o te aprietan?
- ¿A quién sentirías que "traicionas" si vives diferente? Nómbralo, **agradece** su influencia y **diferénciate**.

16.8 Método CREO® aplicado al sistema familiar (versión práctica)

Tabla 3. CREO® para conversaciones familiares difíciles

Fase	Pregunta guía	Ejemplo de frase
Centrar	¿De qué se trata exactamente?	"Quiero hablar de cómo siempre termino mediando entre ustedes."
Reflexionar	¿Qué me pasa por dentro? ¿Qué historia activa?	"Me canso y me asusto; de niño me tocó separar peleas."
Elegir	¿Qué actitud y límite propongo?	"Quiero cuidar el vínculo sin ser el bombero de todo."
Operar	¿Qué haremos distinto y cuándo lo revisamos?	"Desde hoy no mediaré en discusiones; si se complica, propondré terapia familiar. Lo revisamos en un mes."

16.9 Casos clínicos (narrados) con CREO®

Caso 1) El héroe agotado – *Javier, 34 años*

Javier llega con una sonrisa que parece férula. Es eficiente, puntual, exitoso pero cuando se sienta, se le cae la armadura en forma de suspiro.

—"Si yo no lo hago, nadie lo hace" dice como quien recita un credo.

En su casa, desde los 17, asumió el mando: la enfermedad del padre, los papeles del taller, la escuela de los hermanos. Aprendió a apagar incendios con los dientes. Ahora, ya casado, su teléfono suena como alarma: "¿Puedes ver a la tía? ¿Traes el pago del predial? ¿Me ayudas con…?" Su esposa lo mira con cariño y hartazgo: "*Te perdemos cada domingo*".

Un domingo cualquiera, Javier conduce dos horas para arreglar la bomba de agua de su madre. En el camino su mente hace cuentas; su corazón cuentas pendientes. De regreso, su esposa le pregunta si pueden salir al cine. Él contesta con tono correcto: "Estoy muerto. Mañana, ¿sí?". Ella asiente pero algo se apaga.

Centrar.

"Quiero hablar de cómo siempre termino sosteniendo todo. Llego sin aire a mi casa."

Reflexionar.

"De adolescente si yo no resolvía, la casa se caía. Hoy ya no es así pero mi cuerpo no lo sabe. Me muero de miedo de decir que no."

Elegir.

"Quiero seguir cuidando a mi familia pero con límites. Quiero que mi matrimonio no sea el último en la fila."

Operar.

Javier acuerda con sus hermanos una **lista de responsabilidades rotativa**. Define con su madre un **horario de llamadas**. Con su esposa pacta un "**domingo blindado**" al mes y otro "semi-blindado". Se permite **delegar** la bomba de agua a un plomero (y tragar saliva al hacerlo).

Un mes después, cuenta entre risas: "La bomba la arregló el plomero en 40 minutos. Mi mamá me dijo: '*¿Ves? La casa no se cae*'. Me quedé viendo una película con mi esposa. No pasó el mundo a mejor vida. Pasé yo a mi vida". La sonrisa de Javier ahora no aprieta; respira.

Caso 2) La invisible que aprende a existir – *Paula, 19 años*

Paula habla bajito, como si le prestaran la voz. En su familia, las voces grandes ocupan el aire: un padre elocuente, una madre que "no deja mentir", un hermano mayor que sabe de todo. Paula aprendió a **desaparecer**: saca dieces, no molesta, no pide.

En sesión, trae un cuaderno de tapas azules. Lo abre con ceremonia y lee:

—"Ayer hablé tres frases en la comida. Mamá dijo: '*¡Qué participativa!*' Todos rieron. Sentí vergüenza y orgullo a la vez. Hoy, dije una cosa más."

Retrocedemos a la escena de su infancia. Paula de ocho años, intentando contar un cuento. Su padre la interrumpe con una anécdota "mejor". Todos aplauden la gracia del padre. Paula guarda su historia en el bolsillo. La lleva ahí desde entonces.

En la universidad, un profesor se acerca después de clase: "Tus escritos son excelentes. ¿Por qué no preguntas en clase?". Ella responde con un bloque de hielo: "No me sale".

Centrar. "Quiero dejar de ser la sombra en mi propia casa."

Reflexionar. "Aprendí que, si me hacía pequeña había paz pero después me siento vacía."

Elegir. "Quiero empezar a existir con pasos chiquitos, constantes."

Operar. Paula acuerda con su familia un **juego**: en cada comida, alguien trae una **pregunta** y todos responden. Ella se compromete a **hablar primero** una vez por día. Pide a su padre un **gesto concreto**: no interrumpirla la primera vez que hable (él acepta, con una mezcla de ternura y pudor). En la universidad, levanta la mano una vez por clase y cuando no puede, entrega una pregunta por escrito.

Seis semanas más tarde, trae otra escena: su padre iba a interrumpirla y se detuvo a mitad de la frase. La familia rió, el padre levantó las manos, teatral: "Perdón, la palabra es de Paula". Ella cuenta su anécdota. No es espectacular. Es suya. Después al salir, se mira en un vidrio. "Estoy un poco más… no sé… presente". Y sonríe.

Caso 3) La lealtad que frena - *Claudia, 35 años*

Claudia, recibió una oferta de ascenso. Tres veces en dos años. Tres veces dijo "lo estoy pensando". Es brillante, amable, confiable. Su jefe le dice: "Te necesitamos arriba". Ella siente en el estómago un tirón antiguo.

Su padre trabajó treinta años sin ascensos. Tenía una frase: "Aquí los hombres mantienen la casa". Cuando Claudia estudió, él se sentía orgulloso "de su niña aplicada" pero en las reuniones se reía: "De economía no entiendo; la de la casa que no falle". El chiste cargaba una brújula invisible: *no te adelantes.*

La noche de la tercera oferta Claudia, no duerme. Camina por la casa como quien cuida un enfermo. En realidad, cuida una **lealtad**: "Si gano más que papá, lo deshonro". Al día siguiente llega a sesión con un sobre en el bolso. Lo abre como si fuera una carta de amor: el contrato, el sueldo, las condiciones.

Centrar. "Tengo miedo de aceptar el ascenso."

Reflexionar. "Siento que si lo hago traiciono a mi papá. Como si yo dijera: 'yo sí pude y tú no'. Me da culpa."

Elegir. "Quiero honrar a mi padre **y** avanzar. Quiero llevarlo conmigo en esto no dejarlo atrás."

Operar. Escribe una **carta** a su padre: "Gracias por tu esfuerzo. Hoy puedo subir no para superarte sino para agradecerte. Te llevo en este logro. Si me das tu bendición la tomo; si no, también te agradezco lo que hiciste". Decide **aceptar** el ascenso. En la comida familiar, nombra su miedo y su amor. El padre se queda en silencio; aprieta los labios, traga. Minutos después, carraspea: "Yo no tuve esa oportunidad. Me alegra que tú sí nomás no te olvides de dónde vienes". Claudia, respira "De ti —dice— y contigo".

Dos meses después, relata algo pequeño y enorme: el padre llegó con un pastel. "Para la jefa", dijo. Había orgullo en su voz y un dejo de melancolía. Claudia, comprendió: las **lealtades** se transforman cuando se **nombran** y se **acompañan**.

16.10 Herramientas en casa

A) Mapa de roles (30 min)

Dibujen el árbol familiar y escriban junto a cada nombre el **rol** percibido. Marquen con un los que **quieren flexibilizar**. Decidan una **micro-conducta nueva** por persona (p. ej., el héroe delega, el invisible opina).

B) Línea de tiempo del legado (40 min)

Coloquen hitos: migraciones, duelos, logros. Subrayen lo que **honran** y lo que **prefieren liberar**. Cierren con dos permisos mutuos: "**Te honro** y **elijo diferente**".

C) Ritual breve de liberación (10 min)

Elijan un objeto que simbolice el mandato ("aguanta", "no superes"). Díganse: "Gracias por cuidarme hasta aquí. Desde hoy tomo lo que nutre y suelto lo que duele". Cambien el objeto de lugar, regálenlo o archívenlo. Lo importante no es la magia del gesto sino la **decisión compartida**.

16.11 Abordaje terapéutico: recursos para psicólogos (encuadre)

Encuadre y seguridad. Aclarar objetivos: **comprender** y **flexibilizar**, no buscar culpables. Si emergen señales de riesgo (violencia, coerción), priorizar seguridad y derivación.

Psicoeducación breve. Roles, triangulación, lealtades; lenguaje cotidiano, cero jergas.

Mapa vivo. Genograma simple + "etiquetas" sentidas por cada miembro (héroe, rebelde…).

Des-triangulación. Fortalecer subsistema de pareja; pactar **límites amables** con familias de origen.

Práctica en sesión. Ensayar **CREO**®, espejo, peticiones claras; definir **indicador** y **fecha de revisión**.

Neutralidad activa. Validar a todos y **proteger al más vulnerable**.

Derivar cuando corresponda. Trauma, adicciones, violencia: trabajo individual/especializado.

16.12 Para conversar esta semana

- "¿Qué papel juego en mi familia y qué papel quiero jugar ahora?"
- "¿Qué mandato agradezco… y cuál necesito actualizar?"
- "¿Cómo fortalecemos nuestro **nosotros** sin perder la gratitud por nuestras raíces?"

16.13 Cierre

Honrar a la familia no es repetirla al carbón. Es convertir su amor en **fuerza** y su dolor en **aprendizaje**. Cuando reconocemos nuestros roles y miramos de frente las lealtades, el pasado deja de manejar el volante y el "nosotros" se vuelve un lugar elegido, no un guion heredado.

Capítulo 17.

Comunicación emocional en la familia.

Lo que se dice, lo que se calla y lo que se siente sin nombrar.

17.1 Introducción

En cada familia hay conversaciones abiertas y conversaciones prohibidas. Lo que no se habla, se actúa. Lo que no se permite sentir, se hereda. Aunque casi nunca se nombra así, toda familia tiene un **código emocional**: un modo particular de dar cariño, pedir ayuda, poner límites, pedir perdón. Hay casas donde el afecto se sirve en platos llenos y besos escasos; otras donde el humor es abrigo y también cuchillo; otras más donde el amor se administra con listas, horarios y control. El desafío no es hablar mucho **sino decir lo que de verdad importa**.

Nota de seguridad: si hay violencia física, amenazas o coerción, prioriza tu seguridad y busca ayuda profesional. Las prácticas de este capítulo no sustituyen protocolos de protección.

17.2 Congruencia emocional según Virginia Satir

Virginia Satir (1972) repetía una brújula sencilla: **congruencia**. Que el cuerpo, la voz y la palabra digan lo mismo. Si alguien afirma "no pasa nada" mientras aprieta la mandíbula, tiembla una pierna y evita la mirada ya está diciendo todo lo que intenta ocultar. En familia, esa congruencia se vuelve el lenguaje silencioso de la verdad: cuando **cuerpo, emoción, voz y palabra** se alinean, la comunicación sana; cuando se reprimen por años, el dolor regresa como síntomas, sarcasmos o distancias que nadie sabe explicar.

Micro-ejercicio (2 minutos).

Detente y pregúntate: ¿qué dice hoy mi cuerpo que mi boca no se atreve? Respira profundo tres veces. Nombra en voz baja una emoción y una necesidad: "Estoy *preocupado* y *necesito* claridad". Después, dilo en alto a quien corresponda con voz amable.

17.3 Comunicación que protege… pero no conecta

No todo lo que se dice en familia es diálogo auténtico. A veces, lo que parece conversación es sólo **defensa emocional**:

Para no sentir, algunos **sobre-explican**.

Para no llorar otros **se burlan**.

Para no confrontar, muchos **callan** o **castigan con silencio**.

Protegen, sí. **Pero no acercan.** Son muros que evitan el dolor y de paso bloquean la ternura. El primer paso es reconocerlos sin culpas: "esto me cuida… y también me aísla".

17.4 Formas disfuncionales… y su alternativa congruente

Forma defensiva	Qué intenta proteger	Señal corporal/ tonal	Cómo se siente el otro	Alternativa congruente (frase modelo)
Doble vínculo (“Haz lo que quieras”)	Miedo a perder control	Sonrisa dura, hombros rígidos	Confusión, culpa	“Quiero que vengas porque **me importas**, pero **acepto** si decides no hacerlo.”
Ironía destructiva	Vergüenza, dolor viejo	Risa rápida, mirada de lado	Humillación, distancia	“Lo dije en broma, pero **me dolió**. Lo que quise decir es…”
Ley del hielo	Rabia que no sabe pedir	Cuerpo cerrado, evitación	Rechazo, ansiedad	“Estoy **muy enojado**. Necesito **20 minutos** y **retomamos** a las 8:30.”
Sobre-explicación	Miedo a sentir	Habla acelerada, manos inquietas	Cansancio, desconexión	“En una frase: **me asusté** cuando pasó X. **Necesito** que me cuentes.”
Chantaje emocional	Miedo a no importar	Suspiro teatral, cejas altas	Deuda, resentimiento	“Cuando hago X, **es porque te quiero**. Me gustaría que **lo reconozcas** a veces.”
Positividad forzada	Miedo al dolor del otro	Sonrisa fija, tono alto	Invalidez, soledad	“No sé **arreglarlo**, pero **me quedo contigo** mientras te duele.”

(Inspirado en Satir, 1972; Gottman & Silver, 2012; Rosenberg, 2003).

17.5 Autoevaluación (para hacer a solas o juntos)

- ¿Qué estilo de la tabla aparece más en mi familia?
- ¿Qué frases o silencios se repiten?

- ¿Cómo me sentía cuando aparecía la ironía, el chantaje o el hielo?
- ¿Evito temas para "no armar lío"? ¿Cuáles?
- ¿Mis emociones eran escuchadas o ridiculizadas?
- ¿He replicado estas formas en mis relaciones?
- Bajo presión, ¿qué patrón me toma el volante?
- ¿Qué costo emocional han tenido estas dinámicas?
- ¿Qué sigue sin decirse en nuestra historia?
- Si cambiara una sola cosa esta semana, ¿cuál sería?

17.6 Caso clínico 1 — La familia que gritaba, pero no sentía

Los Ortega llenaban la casa de palabras. Opiniones, consejos, volúmenes altos. Pero nunca "me dolió", "me dio miedo", "te quiero". Llegaron a terapia tras un intento de suicidio de Mateo, el menor.

Primera sesión. El padre habla de calificaciones, la madre de horarios; la hermana mayor enumera soluciones. Mateo, mirando la mesa, murmura:

—"Yo solo quería que me preguntaran si estaba bien." Silencio. Nadie sabe dónde poner las manos.

CREO® en vivo:

- **Centrar:** "Hoy hablamos de cómo *no* preguntamos '¿cómo estás?'".
- **Reflexionar:** "Cuando no nos preguntamos, nos sentimos solos y con miedo".
- **Elegir:** "Vamos a probar hablar **desde el corazón,** aunque se nos quiebre la voz".

- **Operar:** Ritual semanal de 15 minutos: cada uno nombra **una emoción** y **una petición**. Regla: no interrumpir, no solucionar hasta escuchar. Tres semanas después, el padre ensaya una frase nueva, torpe y preciosa: "Hijo… ¿cómo amaneciste?". Mateo lo mira largo. "Asustado —dice—, pero menos" y la familia aprende que el volumen no es sinónimo de cercanía.

17.7 Caso clínico 2 — El padre que "todo lo resolvía"

En los Martínez, papá Eduardo tenía dos muletillas: "Eso no es nada" y "Sé fuerte". Quería proteger: que el dolor no hiciera nido, pero su escudo era también pared. Una tarde, Sofía (19) llega llorando por un rompimiento. Eduardo empieza el discurso: "Ya habrá otros", ella se encierra. En sesión, trabajamos con **CREO®**.

- **Centrar:** "Nos duele ver sufrir a Sofía."
- **Reflexionar:** Eduardo conecta con su historia: de niño, nadie lo consoló. "Si me quedo, me rompo", dice.
- **Elegir:** "Prefiero **quedarme** y **no arreglar**."
- **Operar:** Acuerdo: ante lágrimas, dos minutos de **silencio acompañante** y luego una pregunta: "¿Qué te ayudaría ahora?". Días después, Sofía entra llorando. Eduardo inspira, sienta a su hija, la abraza sin palabras. Dos minutos largos. Después sólo dice: "No sé qué decir… pero **quiero escucharte**." Sofía apoya la frente en su hombro. La casa aprende que la fuerza también es pausa.

17.8 Caso clínico 3 — Silencios heredados

En los López, tres generaciones callaron un abandono. Se contaba a medias: "tu abuelo se fue a trabajar y no volvió". Nadie habló del duelo. En la familia las despedidas eran campo minado. En terapia, proponen abrir la historia.

- **Centrar:** "Vamos a hablar de **ese** adiós."
- **Reflexionar:** Cada uno dice qué le hizo el silencio: "desconfianza", "miedo a que me dejen", "rabia seca".
- **Elegir:** "Lo nombraremos sin culpas; incluiremos su lugar en la mesa de nuestra memoria."
- **Operar:** Ponen una foto en el estante, encienden una vela y dicen una frase: "También perteneces aquí". Lloran. Se abrazan. Al salir, una nieta comenta: "Siento que la casa pesa menos" y es verdad: los secretos pesan más que las palabras.

17.9 Comunicación vertical vs. horizontal

Rasgo	Vertical (mando/obediencia)	Horizontal (respecto/reciprocidad)
Clima emocional	Miedo, sumisión	Confianza, participación
Lenguaje	Órdenes, sermones	Peticiones, acuerdos
Manejo del error	Castigo, vergüenza	Reparación, aprendizaje
Lugar de los niños	Obedecen sin voz	Opinan en lo que les compete
Resultado típico	Obediencia aparente, resentimiento	Colaboración real, responsabilidad compartida

Idea clave: la autoridad no desaparece en lo horizontal, **se humaniza**. La voz adulta guía sin aplastar.

17.10 Método CREO® aplicado a la comunicación familiar

Guion de 10 minutos (para cenas o tras un conflicto breve)

Centrar (1 frase): "Quiero hablar de ___ (hecho concreto)".

Reflexionar (emoción + necesidad): "Me sentí ___ porque necesito ___".

Elegir (actitud): "Quiero que esto nos acerque."

Operar (petición SMART + verificación): "¿Podrías ___, de ___ a ___? Sabremos que funcionó si ___; lo revisamos el ___".

Frases-puente que ayudan (Rosenberg, 2003; Johnson, 2008)

- "Te escucho ¿Es esto lo que quisiste decir…?"
- "Tiene sentido que te sientas así con lo que pasó."
- "No intentaré arreglarlo ahora; quiero comprenderte primero."
- "¿Qué te ayudaría hoy: silencio, abrazo o idea?"

17.11 Intervención terapéutica sugerida

- **Mapa de expresión emocional.** Tabla con *Emoción / ¿Quién la expresa? / ¿Cómo? / Reacción que recibe.* Hace visibles injusticias (p. ej., la tristeza de mamá se invalida, la rabia de papá se teme).
- **La frase no dicha.** Cada miembro escribe una frase que nunca dijo y la comparte con la regla de oro: **no defenderse, sólo agradecer**.
- **Técnica del yo responsable.** De "tú nunca" a "yo necesito".
- **Ritual de reapertura.** Cada uno nombra una emoción reciente y **una petición pequeña** (observable y con tiempo).
- **Traducción simbólica.** Decodificar dichos familiares: "Sé fuerte" → "Me asusta verte sufrir, pero quiero aprender a acompañarte".

Cierre reflexivo del capítulo

En cada casa hay palabras que se dijeron a gritos y otras que se guardaron por décadas. A veces la gran gesta no es entender la historia entera, sino **atreverse a pronunciar lo que el cuerpo lleva años sosteniendo**. Cuando lo no dicho encuentra una voz, el hogar cambia de clima: la defensa baja un grado la ternura sube dos y entonces, por fin hablar vuelve a ser **un lugar donde quedarse**.

Epílogo

Aquí empieza la conversación que importa

Este libro nació para acompañarte a mirar con otros ojos lo que vives todos los días: el modo en que te hablas, pides, negocias, reparas, te enojas y vuelves. No porque el amor necesite literatura para existir sino porque sin lenguaje el amor se asfixia. Descubriste que no hay parejas "sin conflicto": hay parejas que aprendieron a discutir sin romperse. Que los acuerdos no son firmas solemnes sino hábitos pequeños que protegen lo esencial. Que una palabra/señal de pausa y un retorno pactado pueden ahorrar años de rencor. Que **CREO**® —centrar, reflexionar, elegir, operar— es menos un método que una postura vital: ordena el caos para que aparezca el cuidado.

Vimos que no empiezas de cero. Llegas con mapas tempranos: el apego que te enseñó a pedir consuelo o a ocultarlo; las heridas que tu cuerpo recordó, aunque tu cabeza olvidara; las órdenes silenciosas de tu sistema familiar —pertenencia, orden, equilibrio— que se reactivan justo cuando más deseas ser libre. Aprendiste a nombrarlas sin culpables: a honrar lo recibido y a soltar lo que ya no sirve porque honrar no es repetir al carbón; es convertir el legado en combustible de una vida elegida.

También miramos las **zonas que suelen volverse campo minado**: el dinero, la sexualidad, la rutina, los cambios que llegan sin pedir permiso. Descubriste que lo económico nunca es "sólo económico": habla de confianza, de justicia y de lealtades. Que la sexualidad florece donde hay ternura, curiosidad y consentimiento, no donde manda la inercia o el mandato. Que el cambio no es el enemigo: la resistencia sin diálogo sí que los problemas cotidianos no se "tragan" ni se dramatizan, se vuelven peticiones claras con indicador y fecha de revisión.

Nada de esto pretende idealizarte. Seguiremos fallando. Volverás a subir el tono, a retirarte, a suponer. La diferencia ahora es que tienes **microherramientas**: espejo breve para comprender antes de responder; quejas específicas en vez de críticas globales; aprecios diarios para amortiguar el ruido de fondo; pausas de 20–30 minutos con hora de retorno para cuidar el sistema nervioso; acuerdos SMART que se revisan sin culpas. Tienes, sobre todo, un **nosotros** que se construye en presente: dos personas imperfectas que ejercitan la valentía de hablar mejor.

Si algo deseo que te quede grabado es esto: **el vínculo se vuelve base segura cuando lo pequeño se cuida;** cuando saludas al llegar; cuando dices "me pasó esto" antes de acusar; cuando reconoces tu parte y pides perdón con intención de cambio; cuando te haces cargo de tu historia para no usarla como espada ni como escudo; cuando vuelves después de la pausa, a la hora acordada, con el corazón un poco más quieto.

Este no es un libro para coleccionar conceptos, sino para **ensayar una práctica**. Cierra estas páginas y elige un gesto hoy: un aprecio concreto, una petición específica, una conversación CREO® de cinco minutos, un ritual de domingo para revisar acuerdos, una mirada más lenta en la intimidad. Si lo haces, verás el efecto acumulativo: menos resentimiento, más claridad, más ternura porque al final, el amor maduro no es espectáculo ni sacrificio: es **la suma de pequeñas decisiones repetidas con afecto**.

Hasta aquí llegamos con palabras. Desde aquí, te toca a ti. **Que lo aprendido se note en cómo te hablas, en cómo vuelves y en cómo cuidas lo que importa.**

Autores clave y lecturas recomendadas

Apego y vínculo

Bowlby, J. (1969). Fundamentos del apego: cómo los primeros lazos moldean la forma de amar y pedir consuelo.
Lectura: Attachment and Loss, Vol. 1: Attachment.
Johnson, S. M. (2008). Terapia focalizada en las emociones: el amor como vínculo seguro que puede repararse.
Lectura: Hold Me Tight.

Comunicación, reparación y asertividad

Gottman, J. & Silver, N. (1999/2012). Antídotos para la escalada, mapas del amor, rituales de conexión.
Lecturas: The Seven Principles for Making Marriage Work; Siete reglas de oro para vivir en pareja.
Rosenberg, M. (2003). Poner necesidades en palabras sin herir: Comunicación No Violenta.
Lectura: Nonviolent Communication.
Castanyer, O. (2014). Asertividad cotidiana: firmeza con respeto. *Lectura: La asertividad.*

Trauma, cuerpo y congruencia

Levine, P. A. (2010). El cuerpo como vía de sanación; completar respuestas de supervivencia.
Lectura: In an Unspoken Voice.

van der Kolk, B. (2014). El trauma deja huella en el cerebro y el cuerpo; integración mente-cuerpo.
Lectura: The Body Keeps the Score.

Satir, V. (1972). Congruencia: alinear cuerpo, emoción y palabra en la familia.
Lectura: Peoplemaking.

Mirada sistémica: roles, órdenes y lealtades

Linares, J. L. (2003). Intervenir en patrones, no en personas; límites y triangulaciones.
Lectura: Terapia de pareja.

Hellinger, B. (2001). Pertenencia, orden y equilibrio como brújulas del sistema familiar.
Lectura: Órdenes del amor.

Identidad, desarrollo y cuidado

Erikson, E. (1950); Winnicott, D. W. (1965). Desarrollo psicosocial y la "madre suficientemente buena".

Rogers, C. (1961). Presencia incondicional y crecimiento personal.

Deseo, sexualidad y modernidad

Perel, E. (2018/2020). Eros en la vida doméstica; deseo como lenguaje vivo, no como deber.
Lecturas: El dilema de la pareja; Inteligencia erótica.

Sheff, E. (2014). Diversidad relacional y configuraciones no monógamas éticas.
Lectura: The Polyamorists Next Door.

Emoción, educación y habilidades

Goleman, D. (2007); Bisquerra, R. (2010); Gardner, H. (2018). Inteligencia emocional y competencias afectivas.

Infancia y prenacimiento

Verny, T. (1981); Chamberlain, D. (1998). Vida emocional prenatal y primeros vínculos.

Heridas de infancia

Miller, A. (1983). El costo de adaptarse a expensas del yo auténtico.

Stahl, S. (2016). Trabajo con el "niño interior" para reconectar con la autenticidad.

Historia, cultura y ética

Coontz, S. (2005). Historia del matrimonio y del amor romántico.

Foucault, M. (1978). Sexualidad y poder.

Savater, F. (1991); Kierkegaard, S. (1980). Ética del cuidado, autenticidad y sentido.

Dinero y significado

Krueger, D. (2009). Psicodinámica del dinero: creencias, miedos y hábitos financieros.

Derechos y marco social

CIDH (2015); ONU (2016). Dignidad, diversidad y protección de la familia en clave de derechos humanos.

Referencias.

Bisquerra, R. (2010). *Educación emocional y bienestar*. Desclée de Brouwer.

Bowlby, J. (1969). *Attachment and loss: Vol. 1. Attachment*. Basic Books.

Castanyer, O. (2014). *La asertividad: Expresión de una sana autoestima*. Desclée de Brouwer.

Chamberlain, D. B. (1998). *The mind of your newborn baby*. North Atlantic Books.

Comisión Interamericana de Derechos Humanos. (2015). *Avances y desafíos hacia el reconocimiento de los derechos de las personas LGBTI en las Américas*. Organización de los Estados Americanos.

Coontz, S. (2005). *Marriage, a history: How love conquered marriage*. Viking.

Díaz, T. (2019). *La pareja desde el diván: Una mirada contemporánea a las relaciones*. Paidós.

Erikson, E. H. (1950). *Childhood and society*. W. W. Norton & Company.

Foucault, M. (1978). *The history of sexuality, volume 1: An introduction* (R. Hurley, Trans.). Pantheon Books. (Trabajo original publicado en 1976).

Freud, S. (1955). *Beyond the pleasure principle* (J. Strachey, Trans.). In J. Strachey (Ed.), *The standard edition of the complete psychological works of Sigmund Freud* (Vol. 18, pp. 7–64). Hogarth

Press. (Trabajo original publicado en 1920).

Freud, S. (1961). *The ego and the id* (J. Strachey, Trans.). In J. Strachey (Ed.), *The standard edition of the complete psychological works of Sigmund Freud* (Vol. 19, pp. 12–66). Hogarth Press. (Trabajo original publicado en 1923).

Gardner, H. (2018). *Estructuras de la mente: La teoría de las inteligencias múltiples*. Fondo de Cultura Económica.

Goleman, D. (2007). *Inteligencia emocional*. Kairós.

Gottman, J. M., & Silver, N. (1999). *The seven principles for making marriage work*. Crown Publishers.

Gottman, J. M., & Silver, N. (2012). *Siete reglas de oro para vivir en pareja*. Debolsillo.

Gottman, J. M., & Silver, N. (2015). *La ciencia de las parejas: Cómo lograr relaciones estables y felices*. Paidós.

Hellinger, B. (2001). *Órdenes del amor*. Herder.

Hendrix, H., & Hunt, H. L. (2004). *Receiving love: Transform your relationship by letting yourself be loved*. Atria Books.

Johnson, S. M. (2008). *Hold me tight: Seven conversations for a lifetime of love*. Little, Brown and Company.

Kierkegaard, S. (1980). *La enfermedad mortal*. Alianza Editorial.

Krueger, D., & Mann, J. D. (2009). *The secret language of money*. McGraw-Hill.

Levine, P. A. (2010). *In an unspoken voice: How the body releases trauma and restores goodness*. North Atlantic Books.

Linares, J. L. (2003). *Terapia de pareja*. Paidós.

Maslow, A. H. (1943). A theory of human motivation. *Psychological Review, 50*(4), 370–396.

Maslow, A. H. (1973). *La personalidad creadora*. Kairós.

Maslow, A. H. (2012). *Motivación y personalidad*. Díaz de Santos.

Miller, A. (1983). *El drama del niño dotado y la búsqueda del verdadero yo*. Tusquets Editores.

Organización de las Naciones Unidas. (2016). *Protección de la familia: Contribución de la familia a la realización del derecho a la vida, a la supervivencia y al desarrollo de los niños* (A/HRC/RES/32/23). Autor.

Perel, E. (2018). *El dilema de la pareja: Reconciliar lo erótico y lo doméstico*. RBA Libros.

Perel, E. (2020). *Inteligencia erótica: Atrévete a mantener el deseo*. Paidós.

Rogers, C. R. (1961). *On becoming a person: A therapist's view of psychotherapy*. Houghton Mifflin.

Rosenberg, M. B. (2003). *Nonviolent communication: A language of life* (2nd ed.). PuddleDancer Press.

Satir, V. (1972). *Peoplemaking*. Science and Behavior Books.

Savater, F. (1991). *El valor de educar*. Ariel.

Sheff, E. (2014). *The polyamorists next door: Inside multiple-partner relationships and families*. Rowman & Littlefield.

Stahl, S. (2016). *The child in you: The breakthrough method for bringing out your authentic self*. Penguin Life.

van der Kolk, B. A. (2014). *The body keeps the score: Brain, mind, and body in the healing of trauma*. Penguin Books.

Verny, T. R. (1981). *The secret life of the unborn child*. Summit Books.

Winnicott, D. W. (1965). *The maturational processes and the facilitating environment: Studies in the theory of emotional development*. Hogarth Press.

Este libro es una invitación a vivir el amor y las relaciones con responsabilidad emocional. Con el método CREO® —Centrar, Reflexionar, Elegir y Operar— cada capítulo convierte el conflicto en acuerdos y los acuerdos en hábitos que cuidan el vínculo. Métodos claros: CREO® y EMORES® bajan a tierra conceptos complejos en pasos aplicables. Encontrarás herramientas concretas: guiones breves, micro-rituales de mantenimiento, tablas comparativas y bitácoras listas para usar, además de casos clínicos narrados como pequeñas novelas. Aquí no se señalan víctimas ni culpables: se acompaña a personas responsables, capaces de verse, hablarse y reconstruirse porque lo cotidiano importa, las heridas pueden sanar y las conductas pueden cambiar. No es teoría para admirar: es una práctica para vivir.

Este libro ofrece educación emocional e ideas prácticas de psicología relacional; no sustituye evaluación ni tratamiento profesional. Si hay violencia, coerción, consumo problemático o riesgo (autolesión, ideación suicida, trauma severo), prioriza tu seguridad y solicita ayuda especializada.

Made in the USA
Coppell, TX
01 March 2026

72664369R00236